Bill, R., Zehner, M. L. (Hrsg.)

GeoForum MV 2021 –

Geoinformation in der öffentlichen Daseinsvorsorge

GeoForum MV 2021 –
Geoinformation in der öffentlichen Daseinsvorsorge

Bill, R., Zehner, M. L. (Hrsg.)

Verein der Geoinformationswirtschaft Mecklenburg-Vorpommern e.V.
Vorstand
Lise-Meitner-Ring 7
D-18059 Rostock

Bibliografische Information der Deutschen Nationalbibliothek
Die Deutsche Nationalbibliothek verzeichnet diese Publikation in der Deutschen Nationalbibliografie; detaillierte bibliografische Daten sind im Internet über http://dnb.d-nb.de abrufbar.

978-3-347-34876-9 (Paperback)
978-3-347-34877-6 (Hardcover)
978-3-347-34878-3 (e-Book)

Veröffentlicht bei tredition GmbH 2021
Titelbild: GeoMV e. V.
Lektorat/Satz: Dr. Grit Zacharias, www.lektorat-zacharias.de

tredition GmbH 2021
Halenreie 40-44
22359 Hamburg
E-Mail: info@tredition.de
Internet: https://tredition.de/

GeoForum MV 2021

GEOINFORMATION IN DER ÖFFENTLICHEN DASEINSVORSORGE

Tagungsband zum 17. GeoForum MV

www.geomv.de/geoforum

Warnemünde, 1. und 2. September 2021

Bildungs- und Konferenzzentrum des Technologieparks Warnemünde

Veranstalter

GeoMV e.V.
Verein der Geoinformationswirtschaft Mecklenburg-Vorpommern e.V.
      Lise-Meitner-Ring 7, 18059 Rostock
      www.geomv.de

Redaktion

Prof. Dr.-Ing. Ralf Bill
      Seniorprofessur für Geodäsie und Geoinformatik
      Agrar- und Umweltwissenschaftliche Fakultät, Universität Rostock
      Justus-von-Liebig-Weg 6, 18059 Rostock
      https://www.auf.uni-rostock.de/professuren/h-w/seniorprofessur-
      geodaesie-und-geoinformatik/

Dipl.-Ing. M.Sc. Marco Lydo Zehner
      DVZ Datenverarbeitungszentrum M-V GmbH
      Lübecker Straße 283, 19059 Schwerin
      www.dvz-mv.de

Aussteller und Sponsoren

- beMasterGIS
- CPA ReDev GmbH
- Cyclomedia Deutschland GmbH
- Deeeper.Technology GmbH
- DVZ Datenverarbeitungszentrum M-V GmbH
- Infrest – Infrastruktur eStrasse
- LAiV M-V / Amt für Geoinformation, Vermessungs- und Katasterwesen
- Lehmann + Partner GmbH
- VertiGIS GmbH

Vorwort

Unter dem Motto „Geoinformation in der öffentlichen Daseinsvorsorge" findet am 1. und 2. September 2021 das 17. GeoForum MV im Technologiepark Warnemünde, Rostock statt. Die öffentliche Daseinsvorsorge verpflichtet den Staat, bestimmte Leistungen für seine Bürger vorzuhalten. Welche Leistungen dies genau sind, ist nur vage definiert. Klar ist aber, dass eine durchgängige Digitalisierung eine Grundvoraussetzung für viele Leistungen ist und dass die Bereitstellung und Nutzung von Geoinformationen die Angebote zur Daseinsvorsorge oftmals erst ermöglicht oder aber deutlich verbessert.

Geoinformationen dienen in zahlreichen Fachgebieten als wertvoller Bestandsnachweis der Ist-Situation, zur Analyse und Sichtbarmachung von Defiziten und als Grundlage zur Planung. Insbesondere Lösungen, die dem Schutz und der Vorbeugung des Zusammenlebens, dem Erhalt der kritischen Infrastruktur und der Vorsorgesysteme bis hin zum Gesundheitsmanagement dienen, nutzen sehr intensiv räumliche Zusammenhänge für Analysen und Planungen. Die Corona-Pandemie macht deutlich, wie weit wir einerseits noch von einer funktionsfähigen Digitalisierung entfernt sind, andererseits zeigen uns die verschiedenen, täglich aktuellen Dashboard-Lösungen, wie bedeutend der Raumbezug ist. Und auch der GeoMV hat direkt nach Beginn der Pandemie mit der Corona-Map M-V eine eigene WebGIS-Lösung unter https://coronamap-mv.de/ bereitgestellt, über die Dr. Korduan im GeoForum berichten wird.

Das GeoForum MV 2021 beinhaltet Präsentationen von Best-Practice-Beispielen, die Darstellung von technisch-wissenschaftlichen Ergebnissen und viele Gelegenheiten zum persönlichen Erfahrungsaustausch. Der vorliegende Tagungsband enthält 15 Beiträge in technologierorientierten und anwendungsorientierten Themenblöcken. Standards und rechtliche Regeln legen die Basis, auf der das Zusammenspiel der Technologien wie Infra-strukturen, Sensorik und Digital Twins dann zu funktionierenden Anwendungen und zur Unterstützung von Entscheidungen in der Praxis führen.

Die Keynote wird Prof. Dr. Philip Marzahn, seit 1.7.2021 Professor für Geodäsie und Geoinformatik an der Universität Rostock, zum Thema „Multidimensionale Analyse und Anwendung von Copernicus-Satellitendaten" halten. Copernicus stellt mit seiner freien Datenverfügbarkeit ebenfalls einen Beitrag zur Daseinsvorsorge dar und intensiviert die Anwendung von Fernerkundungsmethoden schon deutlich.

Wir hoffen, Ihnen auch 2021 wieder ein spannendes und breit gefächertes Tagungsprogramm mit Vorträgen zu aktuellen Entwicklungen in der Geoinformationswirtschaft zu bieten.

Den Autoren sei herzlich für die rechtzeitige Bereitstellung ihrer Beiträge gedankt. Wir bedanken uns weiterhin bei unseren Ausstellern, die der Veranstaltung seit jeher eine besondere Note als Schauplatz der aktuellen Produkt- und Dienstleistungsentwicklung geben.

Wir wünschen uns und Ihnen ein spannendes GeoForum MV 2021, gute Diskussionen und Denkanstöße für die künftige Zusammenarbeit.

Die Organisatoren des GeoForum MV, für den GEOMV e.V.

Prof. Dr.-Ing. Ralf Bill, Marco L. Zehner

Inhalt

Entscheidungsunterstützung

Von der Geoinformation zur politischen Entscheidung

Gerhard Bukow

Ministerium für Soziales, Integration und Gleichstellung des Landes
Mecklenburg-Vorpommern
gerhard.bukow@sm.mv-regierung.de

Abstract. Die Sozialverwaltung verknüpft Geoinformationen mit Sozialinformationen, z. B. in Sozialentwicklungsplänen. In Zeiten knapper Ressourcen und schneller Entscheidungen ist es wünschenswert, die Folgen der Entscheidungen und ihre politische Akzeptanz rasch ohne größere Hilfsmittel und Personalstab abschätzen zu können. Das trifft besonders auf die Pandemie zu, in der eine vermehrte Einbindung des obersten Willensbildungsorgans (z. B. Rat, Kreistag oder Parlament) wünschenswert ist. Eine vom Autor für interne Zwecke erstellte Pipeline von der Geoinformation über die Sozialinformation bis zur politischen Akzeptanzprüfung wird vorgestellt und diskutiert.

1   Sozialverwaltungsentscheidungen in der Krise treffen

Politische Entscheidungen werden zwar häufig öffentlich getroffen, aber selten öffentlich vorbereitet. Die Sozialverwaltung führt komplexe räumliche und soziale Informationen zusammen, die gewöhnlich in einem Rückkopplungsprozess mit der politischen Entscheidungsebene erst nach und nach verfeinert werden. Beispiele hierfür sind mittelfristige Sozialplanungen.

In Zeiten der Corona-Pandemie – aber auch in anderen Krisen – treffen die politischen Entscheidungsbedingungen auf noch knappere Personal- und Zeitressourcen als üblich, die unter Wahrung informationeller Interessenlagen teilweise erst spät öffentlich werden. In Krisensituationen müssen aber schnelle Entscheidungen vorab getroffen werden, beispielsweise die gefährdungsbedingte Schließung von Einrichtungen der offenen Jugendarbeit oder Kindertagesstätten. Diese Folgen müssen sodann abgeschätzt und so „verpackt" werden, dass sie auf politische Akzeptanz stoßen.

Es ist aber in unserer repräsentativen Demokratie gesetzlich verankert und geboten, die obersten Organe der Willensbildung möglichst viel zu beteiligen. Das führt auch zu einer höheren Akzeptanzbildung, um den Eindruck einer Exekutivregierung zu vermeiden. Beteiligt werden beispielsweise Gemeinderat, Kreistag oder Landesparlament.

Eine besondere Schwierigkeit liegt nun darin, dass weder die Informationen noch die Entscheidungswege im Allgemeinen zugänglich sind und auch nicht immer das nötige Fachpersonal zur Verfügung steht. So werden meist leicht zugängliche Informationen von fachlichen Laien genutzt, etwa aus einem Online-Kartendienst, und dann händisch verknüpft. Politische Entscheidungen im Sozialwesen werden häufig in sozialen Netzwerken bzw. Nahräumen verortet, die sich durch solche bearbeiteten Karten repräsentieren lassen.

Anschließend wird „intuitiv" die Passung zur mehrheitsfähigen Politik eingeschätzt, z. B. durch Büroleitungen. Dabei fließen zahlreiche Informationen ein, beispielsweise Wahlprogramme. Die Verwaltung bereitet dann in der Regel Entscheidungsalternativen in Form von Beschlussvorlagen vor, die durch die Regierung eingebracht werden. Hierbei sollte das Willensbildungsorgan nicht durch zu viele, unzugängliche oder zu teure Entscheidungsalternativen „lahmgelegt" werden. Es sollten möglichst die Alternativen präsentiert werden, die fachlich legitimierbar, zugänglich repräsentierbar und politisch akzeptierbar sind.

Dieser sukzessive Prozess kann mithilfe moderner Technologien aus dem Feld des Maschinellen Lernens und der Künstlichen Intelligenz unterstützt werden. Einerseits hilft dies bei der Einsparung von Ressourcen, andererseits können damit die intuitiven Arbeitsanteile teilweise formalisiert und informationell angereichert werden. Hierbei sind jedoch auch Fragen des Einflusses (Papakyriakopoulos, 2021), der Transparenz und der strukturellen Voreinschränkung (Bias) durch die benutzte Technologie zu diskutieren (Shresta et al., 2021).

2   Von der Geoinformation zur politischen Entscheidung

Der gerade geschilderte Prozess von der Geoinformation bis zur politischen Entscheidung im Sozialwesen kann auf drei Schritte heruntergebrochen werden:

i.   **Identifizieren** von (sozialen) Punkten von Interesse in einer (geographischen) Karte,

ii.   **Verarbeiten** netzwerkbasierter Informationen zwischen diesen Punkten unter Hinzunahme weiterer Informationen, eventuell mit einer Simulation verschiedener Parameterkonstellationen, um Entscheidungsalternativen zu generieren, und

iii.   **Abschätzen** der potenziellen politischen Passfähigkeit/Akzeptanz einer oder mehrerer Entscheidungsalternativen.

Ein Anwendungsbeispiel eines solchen Prozesses in der Corona-Pandemie ist die Veränderung des generationenübergreifenden sozialen Nahraums zwischen Kindertagesstätten und Senioreneinrichtungen, abhängig von der eingeschränkten Mobilität. Pandemiebedingt könnten so generationenübergreifende Netzwerke leiden und es müssten Maßnahmen getroffen werden, um die gewünschte und gesundheitsnotwendige Kommunikation aufrechtzuerhalten.

Für die nachfolgend dargestellte technische Umsetzung wurde die Programmiersprache Python 3.6.5 (Python, 2021) mit entsprechenden Bibliotheken verwendet (Tensorflow 1.8, Keras, Matplotlib, Numpy, Skimage, Statistics, Lime).

Zur Unterstützung des Identifikationsschrittes wurde eine Threshold-basierte Template-Suche implementiert, die für die automatisierte Identifizierung von Punkten von Interesse etwa in Google Maps genutzt wird. Hierfür können bei Karten mit vielen Symbolen zum Beispiel unterschiedliche Templates mit Paint ausgeschnitten werden, die dann in der Masse gefunden werden. In vielen Fällen wird das erfahrungsgemäß schon ausreichen, z. B. wird eine Karte mithilfe eines Bildschirmausschnitts intern weitergeleitet. In einigen Fällen wird das erfahrungsgemäß auch nicht anders gewollt sein, denn sonst müsste man durch die Nutzung eines Dienstes oder weiteren Personals entsprechende Informationen über geplante Vorhaben „preisgeben".

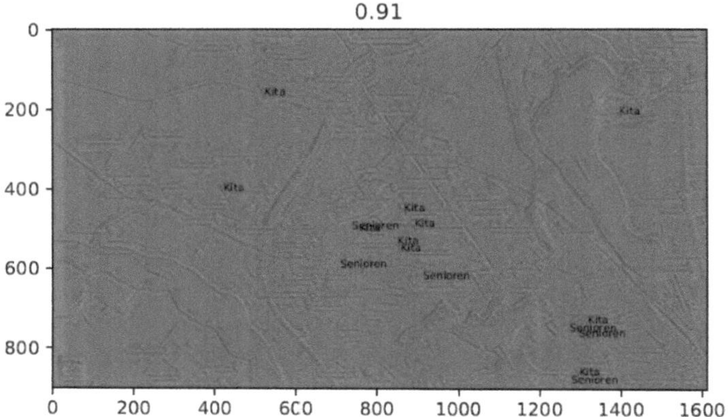

Abbildung 1: Thresholding auf Basis eines Online-Kartendienstes

Im Verarbeitungsschritt können dann die auf dieser Basis gewonnenen Punkte miteinander in Graphen vernetzt werden, um beispielsweise Spannbäume oder dichtebasierte Cluster zu generieren. Die Kanten können mit Kosten versehen werden; in vielen Fällen mit sozialpolitischer Bedeutung dürften dies einfache räumliche Distanzen oder daraus abgeleitete Wegekosten sein, um die Erreichbarkeit zu erfassen. Die Punkte können mit Informationen angereichert werden, z. B. die Anzahl der Pflegeheimplätze oder die Anzahl der Kinderbetreuungsplätze. Sozialplanerische Varianten können hiermit automatisiert generiert und über lokalisierte Verteilungsinformationen gelegt werden, z. B. quadratisch eingeteilte Gefährdungsgebiete (etwa Kriminalitäts- oder Erkrankungsrisiko). Werden diese Informationen etwa mit einem Spannbaum verknüpft, so können Sozialplanänderungen hinsichtlich ihrer sozialen Kosten beurteilt werden. Hieraus kann anschließend eine Visualisierung des Graphen erstellt werden – zwei- oder dreidimensional, um Informationen auch vor Publikum zugänglich zu machen.

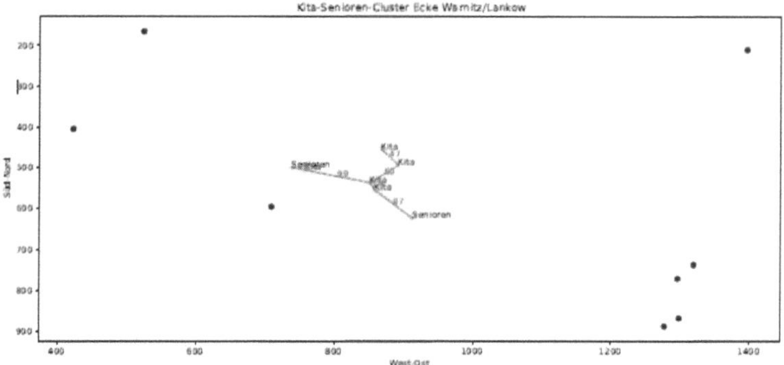

Abbildung 2: Cluster von Einrichtungen mit minimalem Spannbaum

Ein wesentlicher Punkt ist nun die Passfähigkeit der Alternativen zur Politik. Welche Alternativen sind eher politisch akzeptabel, welche nicht? Um die politische Entscheidungsfindung zu befördern, müssen diese gewonnenen Entscheidungsalternativen daher für die Politik sinnhaft bewertet werden. Diese Bewertung kann nicht nur die rein fachliche oder haushalterische Bewertung sein. Denn eine politische Bewertung zeichnet sich nicht durch die Erfüllung bestimmter Wirtschaftlichkeitsaspekte aus, sondern durch die Passfähigkeit einer Alternative zum eigenen politischen Programm. Wer sich beispielsweise für generationenübergreifendes Wohnen einsetzt, wird einer Entscheidungsalternative mit einem größeren sozialen Nahraum zwischen Pflegeheimen und Kindertagesstätten eher zustimmen.

Dabei kommen den Fortschritten der Bild-zu-Text-Verarbeitung und Topic-Modellierung besondere Bedeutung zu. Die generierten Cluster auf Karten können automatisiert textlich beschrieben werden. Mithilfe eines anhand von Bildern räumlicher Verteilungen trainierten LongShortTermMemory-Netzwerkes werden die Cluster hinsichtlich ihrer räumlichen Eigenschaften klassifiziert, z. B.: „Kitas und Pflegeeinrichtungen sind mit hohen Kosten untereinander verbunden." Zugunsten der Robustheit – also des Arbeitens mit „einfach so" herauskopierten Kartenbildern – wurde so eine Lösung gewählt.

Die aus den Bildern abgeleiteten Aussagen können Entscheidungsalternativen zugeordnet werden. Diese nun textlich beschriebenen Alternativen können final auf ihre textliche Passung zum jeweiligen Parteiprogramm hin geprüft werden. Hierfür bietet sich eine vektorbasierte Darstellung („Word2Vec") von Beschreibung und Parteiprogrammen an. Die textliche Passfähigkeit zwischen Aussage und Wahlprogramm ist ein Indikator für die zu erwartende politische Akzeptanz, wobei hier vereinfachend die binäre logistische Regression zur Klassifikation benutzt wurde. Abschließend kann diese Passfähigkeit auch auf einzelne Wortbausteine zurückgeführt und grafisch repräsentiert werden.

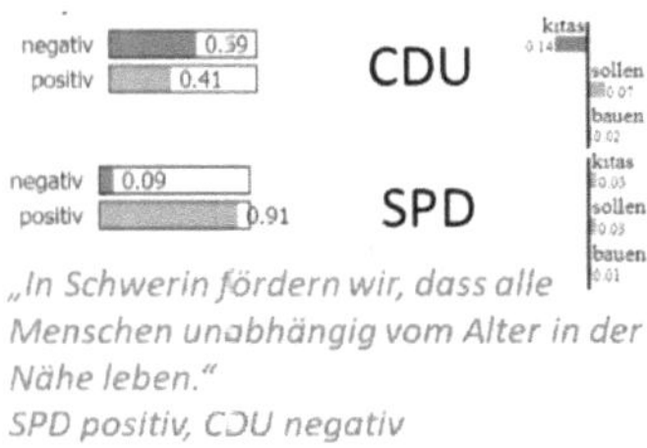

Abbildung 3: Textliche Passung einer abgeleiteten Aussage zum Wahlprogramm

3 Chancen und Risiken des Technologieeinsatzes

Eine solche Pipeline bietet – professionell und robust ausgebaut – viele Vorteile, von denen gerade kleinere Organisationseinheiten profitieren. So können unter Wahrung informationeller Interessen schnell Entscheidungsalternativen generiert, präsentiert und abgeschätzt werden. Das macht Entwicklung und Einsatz auch für größere Verwaltungen interessant, da nicht immer ein Interesse an kostenintensiven Programmlösungen besteht.

Gerade die Betrachtung von Alternativen wird teilweise in Entscheidungsvorlagen vernachlässigt. Durch einen eher alltäglichen Einsatz – etwa mal eben etwas auf dem Smartphone ausschneiden, variieren und abschätzen – könnte auch ein Bewusstsein für Entscheidungsalternativen im politischen Entscheidungsprozess erreicht werden.

Risiken bestehen grundsätzlich entlang der Pipeline. Falsch ausgewähltes Kartenmaterial (z. B. veraltet) kann zur falschen Clusterung führen. Falsch gewählte Kosten (z. B. zu hohe Mobilitätskosten) können ein unrealistisches Bild vermitteln. Der Passungsindikator – die textliche Passung – kann nicht die politische Bewertung durch das Willensbildungsorgan ersetzen. Die ermittelte Passung hängt von Textmodell und Korpus ab.

Schließlich sind die verhaltensbezogenen Auswirkungen der Technologienutzung auf die politischen Entscheidungsträger zu berücksichtigen. Formen des Maschinellen Lernens und der Künstlichen Intelligenz können auch genutzt werden, um in psychologisch gut greifbaren kooperativen Entscheidungsaufgaben das Verhalten vorherzusagen. Es wäre nur ein weiterer Schritt, das bisherige Entscheidungsverhalten rekurrent in die Pipeline einfließen zu lassen (Nay & Vorobeychik, 2016). Das könnte jedoch ethische Fragen aufrufen, da hierdurch zunehmend einseitig auf die aktuellen Entscheidungsträger angepasste Entscheidungen produziert werden könnten.

4 Zusammenfassung und Ausblick

Die hier dargestellte Pipeline von der Geoinformation bis zur politischen Entscheidung stellt einen Ansatz dar, um auf einfache Weise den Entscheidungsprozess unter knappen Ressourcen zu befördern. Dabei kann es nicht darum gehen, den Willensbildungsprozess selbst zu ersetzen oder auf abweichende Weise neu zusammenzusetzen. Vielmehr soll der Dreischritt aus Identifizieren, Verarbeiten, Abschätzen erleichtert werden. Zukünftig sollten robuste Alltagsprogramme gefördert werden, die auch aktuelle Probleme wie politische Biases in Sprachmodellen aufgreifen.

Literatur

Python 3: https://www.python.org, April 2021.
Shresta, Y. R., Krishna, V., von Krogh, G. (2021): Augmenting organizational decision-making with deep learning algorithms: Principles, promises, and challenges. Journal of Business Research, Ausgabe 123, S. 588-603.

Nay, J. J., Vorobeychik, Y. (2016): Predicting Human Cooperation. PLoS ONE, Ausgabe 11/5.

Papakyriakopoulos, O. (2021): Political machines: a framework for studying politics in social machines. AI & SOCIETY.

GIS-basiertes Entscheidungsunterstützungssystem für die interkommunale Zusammenarbeit zwischen Stadt- und Landkreis Rostock

Tim Hoffmann[1], Siling Chen[1], Dietmar Mehl[1], Jannik Schilling[2],
Jens Tränckner[2], Matthias Hinz[3] und Ralf Bill[3]

[1]biota – Institut für ökologische Forschung und Planung GmbH, Nebelring 15,
18246 Bützow, tim.hoffmann@institut-biota.de,
siling.chen@institut-biota.de, dietmar.mehl@institut-biota.de
[2]Universität Rostock, Professur für Wasserwirtschaft, Satower Straße 48, 18059
Rostock, jannik.schilling@uni-rostock.de, jens.traenckner@uni-rostock.de
[3]Universität Rostock, Professur für Geodäsie und Geoinformatik, Justus-von-
Liebig-Weg 6, 18059 Rostock, matthias.hinz2@uni-rostock.de,
ralf.bill@uni-rostock.de

Abstract. Zur Unterstützung von räumlichen Planungsprozessen in Stadt-Umland-Räumen auf der Maßstabsebene der Flächennutzungsplanung nach BauGB wurde durch die Institut biota GmbH und die Universität Rostock ein GIS-basiertes Entscheidungsunterstützungssystems (GIS-EUS) entwickelt. Im Beitrag werden der strukturelle Aufbau und die grundsätzlichen Funktionen erläutert. Diese beinhalten einen modelltechnisch umgesetzten Ökosystemleistungsansatz zur Bewertung der Veränderung von Flächennutzungen und damit zur Optimierung des Ressourcenschutzes, modelltechnisch umgesetzte Prüf- und Bewertungsroutinen zur Kapazitätsbewertung in den wasserwirtschaftlichen Feldern Trinkwasser, Abwasser und Hochwasserschutz sowie zur optimalen räumlichen Positionierung von Wertstoffhöfen als Beitrag in der Kreislauf-/Abfallwirtschaft.

1 Einleitung

Im Zentrum einer sektorenübergreifenden, integralen Entwicklung von großen Städten und ihres Umlandes steht der möglichst sparsame Umgang mit der Ressource Land (§ 1 a Absatz 2 BauGB, Bock et al., 2011). Die Abhängigkeit von Prozessen räumlicher Entwicklung der Urbanisierung und verstärkt auch der Suburbanisierung ist dabei extrem hoch. Der Nutzen bzw. Wert der Ressource

„Land" bildet sich aber nur teilweise in der ökonomischen Bewertung ab (z. B. Marktpreis für Grund und Boden).

Diese Herausforderungen gelten auch für den raumordnerisch bestimmten Stadt-Umland-Raum der Hanse- und Universitätsstadt Rostock mit 18 Umland-Gemeinden (EM M-V, 2016). Insbesondere in Rostock wird die zunehmende bauliche Verdichtung und Erschließung neuer Flächen zum Problem für die Stadtnatur sowie die Verkehrs- und leitungsgebundene Infrastruktur. Parallel werden in den Umlandgemeinden zum Teil umfangreiche Gewerbeansiedlungen und Wohngebietsausweisungen vorangetrieben, mit entsprechendem Druck auf naturnahe und landwirtschaftlich genutzte Flächen, Ver- und Entsorgungsstrukturen sowie auf die Gewässersysteme. Mit den gesplitteten Verantwortlichkeiten zwischen der Stadt und dem umgebenden Landkreis geht auch eine entsprechend heterogene Datenhaltung und -verarbeitung einher.

Die o. g. Problemstellungen lassen sich nur durch eine wissensbasierte, regions- und akteursübergreifende Zusammenarbeit lösen. Hierfür haben sich im BMBF-geförderten Projekt PROSPER-RO maßgebliche Verwaltungseinheiten der Stadt und des Landkreises, wasserwirtschaftliche Aufgabenträger, Forschungsgruppen der Universität Rostock und privatwirtschaftliche Planungs-/Forschungseinrichtungen zusammengeschlossen. Ein entscheidendes Projektziel ist die konsistente Zusammenführung, fachbezogene Aufbereitung und modellgestützte Bewertung der verteilten Datenbestände in einem GIS-basierten Expertenunterstützungssystems (GIS-EUS). Das System soll alle planungsrelevanten Daten in einer einheitlichen Geodateninfrastruktur verwalten, wichtige topologische und funktionale Zusammenhänge sachgerecht abbilden und die Auswirkung von Planungsalternativen durch effektive Bewertungsalgorithmen darstellen. Schwerpunkt bilden hier fachliche Werkzeuge in den Bereichen Ökosystemleistung/Flächennutzungsplanung, Wasser- und Abfallwirtschaft.

2   Datenbasis

Die Basisdaten wurden teilweise neu erhoben, teilweise wurde auch auf vorhandene Datensätze zurückgegriffen. Neben offenen Geodaten z. B. aus OpenStreetMap und OpenData.HRO handelt es sich dabei um Geobasisdaten des Landes. Die Datenbasis umfasst:

- Realnutzungskartierung inkl. Flächenversiegelung
- Digitales Geländemodell
- Flächennutzungspläne (F-Pläne) mit Flächenkategorien nach PlanZV

- Digitales Gewässer- und Feuchtgebietskataster (Chen et al., 2021)
- Wasserrechtliche Erlaubnisse/Einleitgenehmigungen
- Abwasserinfrastruktur, Schmutzwasseraufkommen (Mehl, Hoffmann, 2017; Schilling, Tränckner, 2020)
- Hydrologisch-hydraulische Modelle (Kachholz, Tränckner, 2020)
- Trinkwasserschutzzonen und weitere Schutzgebiete
- Lage und Ausstattung von Recyclinghöfen (Vettermann et al., 2020, 2021)
- Verkehrsnetz
- Abfallaufkommen und Abfallpotenziale (Vettermann et al. 2020, 2021)
- Versorgende, regulative und kulturelle Ökosystemleistungen (Mehl et al., 2021)

Für den projektinternen Datenaustausch wurde eine webbasierte Geodateninfrastruktur (GDI) aufgebaut (Koldrack et al., 2017), in der Metadaten, Geodaten, Dienste und Zugriffsregelungen organisiert werden und die auf die Konformität von OGC-Diensten, ISO-Normen und INSPIRE setzt. Die GDI nutzt CKAN (CKAN, 2021), eine offene webbasierte Datenkatalog-Software, sowie Geo-Network als serverseitige Metainformationssoftware, eine PostgreSQL-Datenbank mit verteilten Zugriffsrechten zum Speichern und Abrufen der Geodaten und GeoServer zur zentralen Datenhaltung für das EUS.

3   GIS-basiertes Entscheidungsunterstützungssystem

Mit dem GIS-EUS ist es möglich, die Auswirkungen von geplanten oder szenarienhaft entworfenen Landnutzungsänderungen auf Infrastrukturen sowie Ökosystemfunktionen und -leistungen auf der Raum- und Maßstabsebene von Flächennutzungsplänen (F-Plänen) zu prüfen. In der Startansicht des GIS-EUS (s. Abbildung 1) ist der Projektraum als topografische Karte dargestellt. Im linksseitigen Menü können Orthofotos oder Grundlagenkarten der Fachbereiche Wasserwirtschaft, Abfallwirtschaft und Ökosystemleistungen (ÖSL) als zusätzliche Layer hinzugefügt werden. Über interaktive Schaltflächen rechts der Karte kann der Nutzer Planobjekte einzeichnen, ihre Geometrien bearbeiten bzw. per Upload von Shapefiles in einer zip-Datei in die Karte einfügen. In den darunterliegenden Drop-Down-Menüs werden die vorgesehene Flächennutzung sowie ggf. Maßnahmen und Details zur Flächengestaltung (z. B. Dachbegrünung, Baum-Rigolen etc.) als Attribute hinzugefügt. Die gewünschten Auswertefunktionen werden durch Auswahl der entsprechenden Checkboxen aktiviert.

Nach dem Ausführen der Bewertungsroutinen öffnet sich die Ergebnisansicht als neues Browserfenster. Die einzelnen Ergebnisdaten lassen sich für die lokale Weiterverarbeitung exportieren.

Abbildung 1: Zentrale Web-GIS-Oberfläche des GIS-EUS (o. r. Ansicht Grundlagendaten – hier ÖSL Landschaftsästhetik, u. l. Eingabe Planflächen mit Flächennutzungskategorie, M. r. Ergebnisanzeige für ÖSL-Veränderungen)

Aktuell können die folgenden grundsätzlichen Fragestellungen als Teil einer initialen Variantenuntersuchung auf F-Plan-Ebene betrachtet werden:

Ökosystemleistungen (ÖSL) – Wie hoch sind 16 verschiedene versorgende, regulative und kulturelle ÖSL auf den vorgegebenen Planflächen im aktuellen Zustand und wie verändern sie sich durch Planungen (Mehl et al., 2021), (siehe Abbildung 1, M. r.)? Wie wirken sich Kompensationsmöglichkeiten aus?

Trinkwasserschutzzonen (TWZ) – Welcher Anteil der Planflächen liegt in einer TWZ?

Niederschlagswasser – Kann zusätzlich anfallendes Niederschlagswasser in den angrenzenden Vorflutern ohne Gegenmaßnahmen grundsätzlich zu Überlastungen führen (Kachholz, Tränckner, 2020) (siehe Abbildung 2, o. l.)?

Schmutzwasser – Welche Auswirkungen haben zusätzliche Einleitungen auf das Schmutzwassernetz und integrierte Sonderbauwerke (Schilling, Tränckner, 2020), (siehe Abbildung 2, M. r.)?

Trinkwasser – Reichen die Kapazitäten nahegelegener Wasserwerke (siehe Abbildung 2, u. M.)?

Wertstoffhöfe – Wie hoch ist das Abfallaufkommen und wie verändert sich die Erreichbarkeit von Wertstoffhöfen bei Standortänderungen (Vettermann et al., 2020, 2021)?

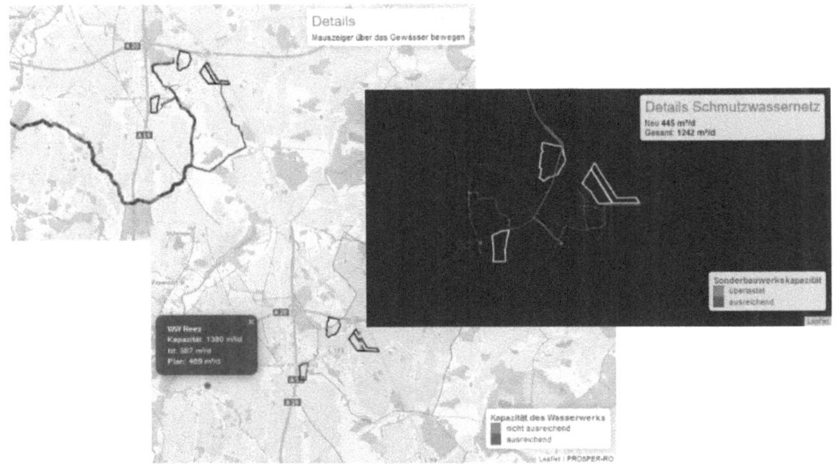

Abbildung 2: Ergebnisse wasserwirtschaftlicher Auswertungen (o. l. Regenwasser/ Fließgewässer, M. r. Schmutzwasser, u. M. Trinkwasser/Wasserwerke)

4 Technischer Aufbau

Das GIS-EUS ist als Client-Server-System konzipiert. Dem System liegt eine Dreischichtenarchitektur zugrunde, mit aufeinander aufbauenden, technisch unabhängigen Datenhaltungs-, Logik- und Präsentationsschichten. Die Funktionen des EUS sind für den Anwender direkt im eigenen Webbrowser (Client/Präsentationsschicht) nutzbar. Das allgemeine Layout der Webseiten basiert auf CSS und den JavaScript-Bibliotheken. Als Teil der Logikschicht werden die Aufgaben Authentifizierung, Geoprocessing und Datenhaltung auf dem Server durchgeführt. Die Implementierung dieser Logik basiert auf der Programmiersprache Python (PSF 2020) und dem Web-Framework Django (DSF 2020) mit der Erweiterung Geodjango. Neben der Python-Anwendung existiert serverseitig auch eine Instanz der Open Source Software Geoserver, welche der Verwaltung der projekteigenen Geobasis- und Geofachdaten dient sowie abgeleitete Webkarten als OGC-konforme Web Map Services (WMS) und Web Feature Services (WFS) bereitstellt. Diese werden neben externen Datendiensten clientseitig in das EUS eingebunden.

5 Zusammenfassung und Ausblick

Nach einer Entwicklungszeit von drei Jahren ist nun das erste Etappenziel realisiert: die Bereitstellung einer lauffähigen und umfangreich fachlich-inhaltlich „gefüllten" Testumgebung der Anwendung GIS-EUS. Dem System liegt ein quellenoffener, modularer Aufbau auf Basis verbreiteter Open-Source-Softwarepakete zugrunde. Dabei ist die Nutzung ohne lokale Installation niedrigschwellig über den Browser möglich. Datengrundlagen können dank der implementierten Server-Client-Struktur zentral und teilweise automatisiert aktualisiert werden (Harvesting). Die nun anschließende Testphase soll in den kommenden zwei Jahren an realen Fallbeispielen zeigen, inwieweit sich das System in der Praxis bewährt und an welcher Stelle weitere Anpassungen hilfreich sind (Hoffmann et al., 2021).

Literatur

Bock, S.; Hinzen, A.; Libbe, J. (Hrsg.) (2011): Nachhaltiges Flächenmanagement – Ein Handbuch für die Praxis. Ergebnisse aus der REFINA-Forschung. Berlin.

Chen, S.; Hoffmann, T. G.; Mehl, D. (2021): Digitale Gewässerkataster. Grundlage von system- und prozessorientierter Raumanalyse und -planung. In: Raumplanung (211/2), S. 49-56.

CKAN (2021): What is CKAN? Online verfügbar unter https://docs.ckan.org/en/2.9/userguide.html#what-is-ckan, zuletzt geprüft am 17.02.2021.

Django Software Foundation (DSF) (2020): Django – the web framework for perfectionists with deadlines. Online verfügbar unter https://www.djangoproject.com, zuletzt geprüft am 23.11.2020.

EM M-V – Ministerium für Energie, Infrastruktur und Landesentwicklung Mecklenburg-Vorpommern (2016): Landesraumentwicklungsprogramm Mecklenburg-Vorpommern. Schwerin.

Hoffmann, T.; Mehl, D.; Schilling, J.; Chen, S.; Tränckner, J.; Hinz, M.; Bill, R. (2021): GIS-basiertes Entscheidungsunterstützungssystem für die prospektive synergistische Planung von Entwicklungsoptionen in Regiopolen am Beispiel des Stadt-Umland-Raums Rostock. In: gis.science, eingereicht.

Kachholz F.; Tränckner J. (2020). Long-Term Modelling of an Agricultural and Urban River Catchment with SWMM Upgraded by the Evapotranspiration Model UrbanEVA. In: Water, 12, 3089 https://doi.org/10.3390/w12113089.

Koldrack, N.; Vettermann, F.; Bill, R. (2017): Modernes Geodatenmanagement in der Forschung. In: Bill, R.; Golnik, A.; Zehner, M.L.; Lerche, T.; Schröder, J.; Seip, S. (Hg.): GeoForum MV 2017 – Mit Geoinformationen planen! Berlin: Gito mbH Verlag. Online verfügbar unter https://www.geomv.de/geoforummv-2017-tagungsband/, S. 103-110.

Mehl, D.; Hoffmann, T. G. (2017): GIS-Grundlagen einer integrierten Bewertung urbaner Gewässer und Feuchtgebiete am Beispiel der Hansestadt Rostock. In: KW Korrespondenz Wasserwirtschaft, 10, 5, S. 292-299. doi: 10.3243/kwe2017.05.004.

Mehl, D.; Hoffmann, T. G.; Chen, S.; Iwanowski, J.; Mehl, C. (2021): Entwicklung eines GIS- und ökosystemleistungsbasierten Entscheidungs-Unterstützungs-Systems zur Bewertung von räumlichen Entwicklungsoptionen in Stadt- und Stadt-Umland-Räumen. eingereicht. In: Raumforschung und Raumordnung.

PSF Python Software Foundation (2020): Python. Online verfügbar unter https://www.python.org, zuletzt geprüft am 23.11.2020.

Schilling, J.; Tränckner, J. (2020): Estimation of Wastewater Discharges by Means of OpenStreetMap Data. In: Water 2020, 12(3), S. 628, https://doi.org/10.3390/w12030628.

Vettermann, F.; Nastah, S.; Larsen, L.; Bill, R. (2020): Kreislaufwirtschaft in Rostock – Analyse der Stadt-Umland-Beziehung zwischen der Hanse- und Universitätsstadt Rostock und dem Landkreis Rostock hinsichtlich ihrer Stoffströme. In: AGIT – Journal für Angewandte Geoinformatik (6), S. 37-45.

Vettermann, F.; Nastah, S.; Larsen, L.; Bill, R. (2021): Circular Economy in the Rostock Region. A GIS and Survey Based Approach Analyzing Material Flows. In: Kamilaris, A.; Wohlgemuth, V.; Karatzas, K.; Athanasiadis, I. N. (Hrsg.): Advances and New Trends in Environmental Informatics. Digital twins for. [S.l.]: Springer Nature (Progress in IS), S. 53-65.

Smart.Region

Demographieportal als Baustein auf dem Weg zur Smart.Region Salzlandkreis

Jana Schlaugat, Matthias Pietsch, Dirk Helbig, Matthias Grothe

Hochschule Anhalt, Prof. Hellriegel Institut e.V., Salzlandkreis
{jana.schlaugat;matthias.pietsch}@hs-anhalt.de, {dhelbig;mgrothe}@kreis-slk.de

Abstract. Auf die durch den demographischen Wandel verschärften, unterschiedlichen Lebensverhältnisse in der Region reagiert der Salzlandkreis mit der Strategie „Smart.Region Salzlandkreis". Ein Umsetzungsprojekt ist das Demographieportal, das durch die Kombination von Geobasis- und Fachdaten mittels einer GIS-Oberfläche die Sozial- und Schulentwicklungsplanung unterstützen soll. Mithilfe einer intensiven Abstimmung mit den Fachplanern und anderen zukünftigen Nutzern konnten die bestehenden Bedarfe an Fachinformationen und Indikatoren ermittelt und in die Fachanwendung integriert werden. Durch die Bereitstellung der Infrastruktur und den Betrieb durch den Landkreis selbst entsteht ein nachhaltig nutzbares System, das eine wichtige Grundlage für die Entwicklung einer smarten Region bildet.

1 Einleitung

In einigen Regionen Deutschlands bestehen erhebliche Disparitäten der Lebensverhältnisse im Hinblick auf Mobilität und den Zugang zu Angeboten der Daseinsvorsorge (Bundesministerium des Innern, für Bau und Heimat 2019). Insbesondere im ländlichen Raum wird sich dies, bedingt durch den demographischen Wandel, zukünftig noch weiter verschärfen. Die durch die Kommission „Gleichwertige Lebensverhältnisse" erarbeiteten Handlungsempfehlungen fordern u. a., die Datenbasis für kleine räumliche Einheiten (z. B. verbandsangehörige Gemeinden, Stadtviertel, Ortsteile, Dörfer) zu verbessern und ein indikatorbasiertes Monitoring auf kleinräumiger Ebene zu ermöglichen (Pietsch et al., 2020). Demgegenüber bietet die Digitalisierung ein sehr hohes Potenzial für den ländlichen Raum, um sich als lebenswerte Orte gegenüber größeren Städten zu positionieren und damit an Attraktivität zu gewinnen (Bertelsmann Stiftung, 2017, Entwicklungsagentur Rheinland-Pfalz e.V., 2019). Dabei ist Digitalisierung allerdings nicht auf die Bereitstellung einer schnellen Infrastruktur durch den Breitbandausbau zu reduzieren, sondern bezieht sich auf alle Aspekte des kommunalen Handelns wie Bildung, Jugendpflege, Wirtschaft, Arbeit, Kultur, Verwaltung und Mobilität. Um diese Ziele zu erreichen, sind u. a. digitale Handlungsstrategien und Zukunftsszenarien mit den lokalen Akteuren zu entwickeln und umzusetzen (Fraunhofer IESE, 2018). Die dadurch entwickelten Dienstleistungen und Anwendungen bieten Möglichkeiten, um die Arbeits- und Lebensqualität in ländlichen Räumen erheblich zu verbessern und diese zu smarten Regionen zu entwickeln (Trapp & Swarat, 2015). Initiiert durch den Landrat Markus Bauer und unterstützt durch ein wachsendes regionales Netzwerk werden im Salzlandkreis in Sachsen-Anhalt seit Ende 2016 erste Impulse für die Vision einer „Smart.Region Salzlandkreis" gesetzt (Bauer & Helbig, 2020).

2   Smart.Region Salzlandkreis

Unter einer Smart Region ist der Prozess der digitalen Vernetzung, den dadurch bedingten neuen Formen der Kommunikation und des Knowhow-Transfers sowie die Vermehrung des Wissens durch Informationsaustausch zu verstehen (Henning et al., 2019). In einer Smart Region sind dazu entsprechende Dienste auf der Grundlage einer intelligenten Infrastruktur zu entwickeln. Der hierfür benötigte Datenprozess lässt sich in die Bereiche Datensammlung, Datenübermittlung und Datenauswertung trennen (Schaaf, 2015). Aufeinander abgestimmte Prozesse entlasten nicht nur die Arbeit in den Verwaltungen, sie steigern Qualität und Leistungskraft vieler Akteure im Salzlandkreis und fördern, wie bereits bestehende Landesportale (ARIS, kifoeg.web), die überregionale kommunale Zusammenarbeit. Mit stetem Blick auf aktuelle gesellschaftliche Digitalisierungstrends müssen dazu Doppelstrukturen identifiziert, besser miteinander vernetzt und sukzessive gegen ebenenübergreifende Strukturen ersetzt werden (Bauer & Helbig, 2020). Im Rahmen der Smart.Region-Strategie des Salzlandkreises werden mit verschiedenen Modell-, Demonstrations- und Forschungsvorhaben Entwicklungskonzepte für den ländlich geprägten Landkreis vorangetrieben und konkrete Umsetzungsprojekte zur Förderung von Innovationen und der Kreisentwicklung durchgeführt. So konnte beispielsweise der Breitbandausbau vorangetrieben und das Regionale Digitalisierungszentrum des Landkreises aufgebaut werden. Ein weiterer Baustein der Smart.Region-Strategie ist die Einrichtung eines Demographieportals.

3   Demographieportal Salzlandkreis

Das Ziel des aktuell entstehenden Demographieportals ist es, durch die Kombination von Geobasis- und Fachdaten die Entwicklungsplanung des Fachbereichs für Soziales, Familie und Bildung maßgeblich zu unterstützen. Durch eine klare Aufgabenverteilung bezüglich der Datenerfassung und -auswertung sowie Bereitstellung einer geeigneten Infrastruktur soll die interkommunale Zusammenarbeit gestärkt werden. Gleichzeitig kann durch eine Mehrfachnutzung einmalig erfasster und aktuell gehaltener Daten die Qualität der Datengrundlagen für Fachplanungen gesteigert werden.

Abgeleitet aus den Ergebnissen vorangegangener Forschungsvorhaben zur Bedarfsermittlung eines GIS-basierten Daten- und Informationsmanagements erfolgte im Salzlandkreis die Anschaffung von geeigneter Hard- und Software sowie die Qualifizierung von Mitarbeitern. Der Landkreis schuf mit dem Aufbau einer geeigneten Geodateninfrastruktur, eines darauf aufbauenden Geodatenmanagements sowie einer nachhaltigen Datenhaltung die Grundlage für ein Geoinformationssystem zur Unterstützung der Landkreisverwaltung. Über eine geeignete GIS-Oberfläche (Web-GIS und Desktop-GIS-Arbeitsplätze) werden die Fachplaner des Landkreises künftig in der Lage sein, die Informationen, die laut eines festgelegten Rechte- und Rollenkonzepts für sie zugänglich sind, einzusehen, bei Bedarf zu aktualisieren oder auch einfache Berechnungen und Analysen durchzuführen.

Um die Bedarfe der Fachplanung im Demographieportal ausreichend abbilden zu können, wurden intensive Abstimmungen mit zwei Fachdiensten bezüglich des Informationsbedarfs, der Datenverfügbarkeit sowie der notwendigen übergreifenden Zusammenarbeit mit weiteren Fachdiensten, Kommunen im Landkreis sowie privaten Trägern (z. B. Kindertagesstätten) durchgeführt. Im Ergebnis konnten elf Fachthemen festgelegt werden. Für diese wurden notwendige Informationen und Indikatoren, die als Grundlage für Planungsentscheidungen genutzt werden können, abgestimmt. Zu den Fachinformationen zählen beispielsweise die Stammdaten der Einrichtungen, Kapazitäten, Belegungszahlen und Personalschlüssel. Daraus lassen sich zum Beispiel Indikatoren, wie die Anzahl der Kita-Plätze pro Ortsteil berechnen. Um aktuelle und zukünftige demographische Entwicklungen in die Fachplanung einbeziehen zu können, wurden weiterhin kleinräumige Bevölkerungsdaten (sowohl die aktuellen OTBZ als auch Bevölkerungsprognosen) eingebunden (vgl. Abbildung 1).

Neben statistischen Bezugsräumen (Verwaltungsgrenzen) und planerischen Bezugsräumen (z. B. Sozialräume) werden auch die Standorte von Einrichtungen der Daseinsvorsorgeinfrastruktur (z. B. Kitas, Horte, Schulen, Beratungs-stellen oder Pflegeeinrichtungen) abgebildet. Um eine fortschreibungsfähige und standardisierte Abbildung der Einrichtungsstandorte zu gewährleisten, wurden die amtlichen Hauskoordinaten verwendet. Diese dienen in Verbindung mit dem Einrichtungstyp als Schlüsselfeld für die Abbildung von Fachdaten und Indikatoren.

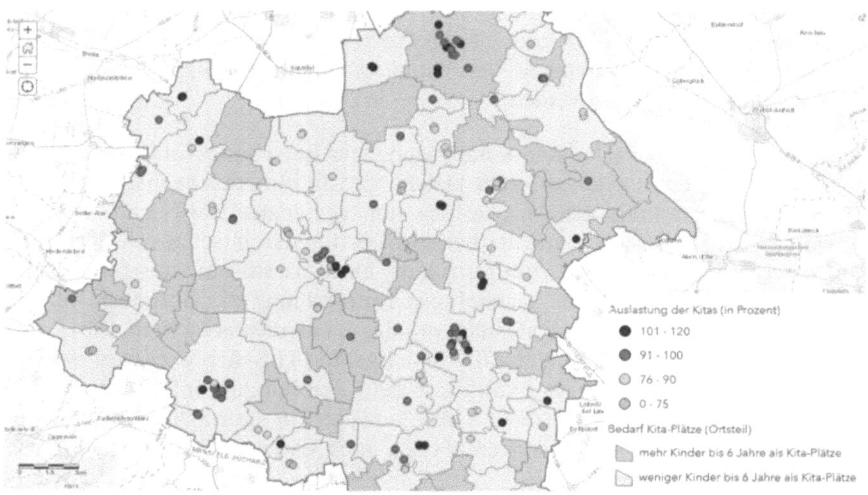

Abbildung 1: Beispielhafte Darstellung der Auslastung von Kitas sowie des Bedarfs an Kita-Plätzen auf Ortsteilebene im Salzlandkreis

Erfahrungen aus anderen Forschungsvorhaben zeigen, dass Fachanwendungen meist nur dann langfristig genutzt werden, wenn die Datengrundlage aktuell gehalten und an neu entstehende Bedarfe angepasst werden kann. Um eine nachhaltige Nutzung des Systems zu gewährleisten und die interkommunale sowie fachdienstübergreifende Zusammenarbeit zu verbessern, werden die notwendigen Geschäftsprozesse und Datenflüsse erfasst und dokumentiert. Als Betreiber des Systems wird der Salzlandkreis die Infrastruktur und den Betrieb übernehmen. Die Aktualisierung der Daten und Informationen soll über den Online-Zugriff auf das System sichergestellt werden. Exemplarisch wurde dies mit den Trägern der Jugendeinrichtungen im Salzlandkreis getestet. Damit wird ein Beitrag zur Entwicklung einer smarten Region geleistet.

4 Ausblick

Trotz unterschiedlichster Ausgangs- und Rahmenbedingungen ist das Ziel aller „smarten" Initiativen ähnlich: eine Verbesserung bestehender Systeme und Strukturen im betrachteten Raum. Egal ob Millionenmetropole oder dünn besiedelte ländliche Region, es geht um ein Erzeugen von Mehrwerten durch Synergien, Kooperationen, Vernetzungen und Aufgabenteilung (BMVI, 2017). Wo neue Technologien unterstützen können, sind sie ein verbindendes Element und technischer Treiber für die Ausgestaltung der Zukunft einer Region. Betrachtet man die Digitalisierungsprojekte im Landkreis, zeigen sich schnell potenzielle Mehrwerte zwischen den einzelnen Vorhaben. Das gemeinsame Suchen nach Lösungen schafft ein starkes Partnernetzwerk, fördert Vertrauen, Transparenz sowie Akzeptanz komplexer strategischer Entscheidungen. Neben modernen digitalen Verwaltungsprozessen entstehen auch neue Formen der Zusammenarbeit, Angebote, die mit dafür Sorge tragen, Menschen in ländlichen Regionen nicht immer weiter von den Entwicklungen der Metropolregionen Deutschlands abzuhängen. Regionale Grundversorgungsangebote mittels digitaler Methoden einer lokalen Nachfrage einfacher zugänglich zu machen, fördert zudem die Entwicklung kurzer Wirtschaftskreisläufe und stärkt damit die Lebensqualität abseits urbaner Zentren. Das schafft positive Entwicklungsimpulse und trägt zur Vernetzung unterschiedlichster wirtschaftlicher und gesellschaftlicher Akteure einer künftigen Smart.Region Salzlandkreis bei.

Mit digitalen Modellprojekten wie dem Demographieportal gelingt es, Probleme besser zu verstehen und damit herauszufinden, wo sich zukünftig auch jenseits bestehender administrativer Grenzen nachhaltige Lösungen finden lassen, um Barrieren abzubauen und Kräfte zu bündeln. Zentrales Handlungsfeld auf dem Weg zur vernetzten Region ist der Aufbau einer ganzheitlichen Informations- und Kommunikationsinfrastruktur zur Entwicklung eines regionalen Selbstverantwortungsbewusstseins für die Umsetzung neuer Lösungsansätze (Bauer et al., 2019). Der Landkreis möchte „Testlabor" digitaler Transformationsprozesse in Deutschland werden und mit seinen Partnern neue kreative Räume zur Ideenfindung, aber auch zum Ausprobieren schaffen.

Literatur

Bauer, M., Helbig D. (2020): Smart.Region Salzlandkreis – Der Salzlandkreis gestaltet seine digitale Zukunft, VDVmagazin 6/20. Verlag Chmielorz GmbH. Wiesbaden.

Bauer, M., Helbig D., Lütkemeier H. (2019): Lebensqualität im ländlichen Raum sichern! Erfahrungsbericht aus der Bundesmodellregion Salzlandkreis zur langfristigen Sicherung von Versorgung und Mobilität in ländlich geprägten Regionen Deutschlands. In: Der Landkreis – Zeitschrift für Kommunale Selbstverwaltung, 89. Jahrgang, Ausgabe 5/2019, Deutscher Landkreistag (Hrsg.), Berlin.

Beirat für Raumentwicklung beim BMVI (2017): Smart Cities und Smart Regions für eine nachhaltige Raumentwicklung, Berlin.

Bundesministerium des Innern, für Bau und Heimat (Hrsg.) (2019). Unser Plan für Deutschland – Gleichwertige Lebensverhältnisse überall, Berlin.

Bertelsmann Stiftung (2017). Mobilität und Digitalisierung – Vier Zukunftsszenarien, Gütersloh.

Entwicklungsagentur Rheinland-Pfalz e.V. (2019). Digital Leben auf dem Land, Mainz

Fraunhofer IESE (2018). Auf dem Weg in die Zukunft, Kaiserlautern.

Henning, M., Pietsch, M., Schlaugat, J. (2019). Entwicklung eines Planungs- und Entscheidungsunterstützungssystems als Baustein für Smart Regions, in: M. Schrenk, V. V. Popovich, P. Zeile, P. Elisei, C. Beyer, J. Ryser (Eds.): REAL CORP 2019, S. 281-289.

Pietsch, M., Henning, M., Schlaugat, J. (2020). Kommunale Geoportale – Entscheidungshelfer bei der Planung gleichwertiger Lebensverhältnisse im ländlichen Raum, LSA VERM I/2020, S. 27-36.

Schaaf, K. (2015): Von der Smart City zur Smart Region – IKT als Rückgrat für die intelligente Stadtentwicklung. https://www.dlr.de/ts/Portaldata/16/Resources/veranstaltungen/2015/SmartCity_Schaaf_WOB-AG_SmartCitySmart_Region_150914.pdf Accessed: 5.Dec. 2018.

Trapp, M., Swarat, G. (2015). Rural Solutions: Smart Solutions für ein Land von morgen, Fachzeitschrift für Innovation, Organisation und Management, Heft 2/2015, S. 33-38.

Karten und Diagrammdarstellung der Corona-Fallzahlen mit WebGIS – coronamap-mv.de

Peter Korduan, Koray Ak

GDI-Service Rostock
{peter.korduan,koray.ak}@gdi-service.de

Abstract. Dieser Beitrag beschreibt den Aufbau einer Kartenanwendung zur Darstellung der COVID-19-Fallzahlen und Auswertungen derer für das Gebiet Mecklenburg-Vorpommern in internetbasierten Karten und Diagrammen.

1 Einleitung

Anfang Sommer 2020 hat der Vorstand des GeoMV beschlossen, einen Beitrag für die Verfügbarmachung von Daten über die Corona-Pandemie in MV zu beauftragen. GDI-Service hat daraufhin eine Web-Anwendung entwickelt, in der die aktuellen Fallzahlen in Karten und Diagrammen visualisiert werden. Im Beitrag wird erläutert, wo die Daten herkommen, wie sie erfasst werden, wie das Datenmodell dazu aussieht, wie die Daten für die Anwendung abgefragt und aufbereitet werden, und schließlich, wie die Daten in Karten und Diagrammen präsentiert werden. Die Daten kommen aus dem täglichen Lagebericht des La-GuS. Es wird auf die Besonderheiten dieser Daten eingegangen und wie sie per Eingabemaske in die Datenbank gelangen. Insbesondere wird auf Unterschiede zwischen den vom LaGuS angegebenen und für die Coronamap berechneten Inzidenzen eingegangen. Die Abfrage für die Inzidenzen erfolgt mithilfe von Window-Funktionen in Postgres. Die live abgefragten Daten werden als JSON-Dateien ausgeliefert und der auf Javascript basierenden Anwendung zur Verfügung gestellt. Die Erstellung der Karten erfolgt mithilfe von MapServer. Die Daten sind über die Angabe eines Datums festen Zeiträumen zugeordnet, sodass für unterschiedliche Zeiträume unterschiedliche Klassifizierungen und Legenden verwendet werden können. Das ist notwendig, weil sich die Höhe und Verteilung der Klassen über die Zeit geändert hat. Neben den Karten für die absoluten Summen der Fallzahlen gibt es Karten für die absoluten Fälle pro 100.000 EW, die 7-Tage-Inzidenz pro 100.000 EW, die neuen Fälle, Summe Todesfälle und die Einwohnerzahlen. Die räumliche Aufteilung ist auf Ebene der Landkreise und kreisfreien Städte (im Folgenden nur noch Landkreise genannt). Die Diagramme enthalten für jeden Landkreis getrennt die neuen Fälle und 7-Tage-Inzidenzen. Weitere Diagramme zeigen den Gesamtstand und einen Vergleich zwischen den Kreisen. Ergänzend ist eine Karte der Inzidenzen der Kreise in ganz Deutschland zu sehen. Die Karten lassen sich über die Zeit animiert darstellen. Zusätzlich wurde eine interaktive Karte für Schnelltestorte und Impfzentren erstellt.

2 Datengrundlage und Eingabe

Die Zahlen der neuen SARS-CoV-2-Infektionen sowie der mit COVID-19 Verstorbenen in Mecklenburg-Vorpommern wurden beginnend mit dem 05.03.2020 aus den Lageberichten des Landesamtes Gesundheit und Soziales M-V LAGuS entnommen. Diese sind fast jeden Tag jeweils gegen 17 Uhr in Form eines PDF-Dokumentes zum Download veröffentlicht worden.[1] An Wochenenden im Sommer 2020, an denen ein geringes Infektionsgeschehen war, wurden keine Berichte herausgegeben. An diesen Tagen wurden die gleichen Zahlen verwendet wie am Tag der letzten Veröffentlichung.

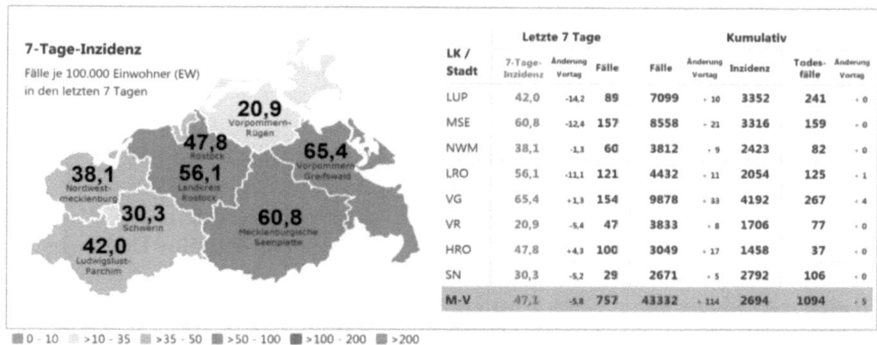

LK / Stadt	Letzte 7 Tage			Kumulativ				
	7-Tage-Inzidenz	Änderung Vortag	Fälle	Fälle	Änderung Vortag	Inzidenz	Todesfälle	Änderung Vortag
LUP	42,0	-14,2	89	7099	+ 10	3352	241	+ 0
MSE	60,8	-12,4	157	8558	+ 21	3316	159	+ 0
NWM	38,1	-1,3	60	3812	+ 9	2423	82	+ 0
LRO	56,1	-11,1	121	4432	+ 11	2054	125	+ 1
VG	65,4	+1,3	154	9878	+ 33	4192	267	+ 4
VR	20,9	-5,4	47	3833	+ 8	1706	77	+ 0
HRO	47,8	+4,3	100	3049	+ 17	1458	37	+ 0
SN	30,3	-5,2	29	2671	+ 5	2792	106	+ 0
M-V	47,1	-5,8	757	43332	+ 114	2694	1094	+ 5

Abbildung 1: Verteilung in den Landkreisen aus dem LAGuS-Lagebericht vom 19.05.2021 Stand 16:13 Uhr

---

[1] https://www.lagus.mv-regierung.de/Gesundheit/InfektionsschutzPraevention/Daten-Corona-Pandemie

Die veröffentlichte Tabelle enthält die Fälle neuer Infektionen, die Anzahl der Genesenen sowie die Todesfälle kumulativ. Dies sind die einzigen Primärdaten. Alle anderen, die Änderungen zum Vortag sowie die angegebenen Inzidenzen können berechnet werden und stellen somit Sekundärdaten dar. Die Änderung zum Vortag ergibt sich aus der Differenz des aktuellen Wertes minus des Wertes des Vortages. Die Inzidenzen sind die Anzahl der Fälle pro 100.000 Einwohner im Landkreis. Die 7-Tage-Inzidenz ist demzufolge die Summe der Anzahl der neuen Fälle der letzten 7 Tage pro 100.000 Einwohner. Da es bis heute vom LAGuS keine digitale Datenquelle für die Zahlen gibt, wurden die Zahlen einmal pro Tag per Hand in ein Eingabeformular eingetragen und von da in die Postgres-Datenbank geschrieben.

Eingabemaske Corona-Infektionen in MV

Tag 30.05.2021	Total	Tote
LUP	7204	246
MSE	8675	161
NWM	3839	83
LRO	4488	136
VG	9974	272
VR	3859	78
HRO	3116	39
SN	2685	106
Summen	43839	1121
Summe der Genesenen	41772	
Klassifizierung	legend_ab_2021-01-08	
	Senden	Logout

zur Karte

Abbildung 2: Eingabeformular für Anzahl neuer Fälle, Tote und Genesene

Zeitweise wichen die vom LAGuS in den Lageberichten veröffentlichten Inzidenzwerte erheblich von den Inzidenzen ab, die sich aus den veröffentlichten kumulativen Werten der letzten 7 Tage ergaben.[2] Es ist zu vermuten, dass verspätete Meldungen rückwirkend nicht berücksichtigt wurden. Welche Daten beim LAGuS für die Inzidenzberechnung tatsächlich verwendet wurden, ist nicht veröffentlicht und wurde auch auf Nachfrage nicht angegeben.

Die Zahlen der Einwohner der Landkreise wurden aus Angaben des Statistischen Landesamtes MV entnommen. Die Quelle für die Karten der BRD sind

---

[2] https://coronamap-mv.de/impressum.html#berechnung_der_inzidenzen

die Lageberichte des RKI zur Coronavirus-Krankheit-2019.[3] Die Karten und Legenden der BRD wurden täglich manuell als Grafik übernommen.

3   Datenmodell und Abfragen

Von den Landkreisen wurden neben einer ID, dem Namen, der Einwohnerzahl und Polygon-Geometrie noch eine Abkürzung, eine Punktkoordinate für die Beschriftung sowie Ordnungen für die Listendarstellungen gespeichert. Die Tage der Zählungen sind in der Tabelle countings hinterlegt und mit der ID fortlaufend durchnummeriert. In der Tabelle cases, in der die im Abschnitt 2 beschriebenen Primärdaten gespeichert werden, sind die Fremdschlüssel area_id und counting_id enthalten, zur Verknüpfung mit den Landkreisen und Tagen.

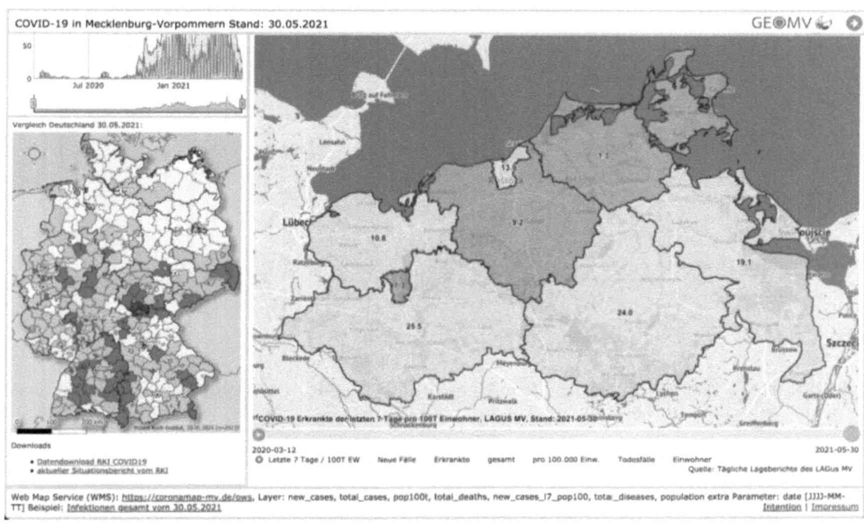

Abbildung 3: Karte der Landkreise in MV und ganz BRD am 30.05.2021

---

[3]https://www.rki.de/DE/Content/InfAZ/N/Neuartiges_Coronavirus/Situationsberichte/2020-04-05-de.pdf

Aus den Primärdaten wurden folgende Ableitungen berechnet:

1. Summe der Fälle, Genesenen, Toten und Fälle pro 100.000 Einwohner über alle Landkreise in ganz MV
2. 7-Tage-Inzidenz pro Landkreis
3. Anzahl der aktuell Erkrankten total

Der folgende SQL-Ausdruck liefert mit c für cases und a für areas die viel beachtete 7-Tage-Inzidenz pro Landkreis:

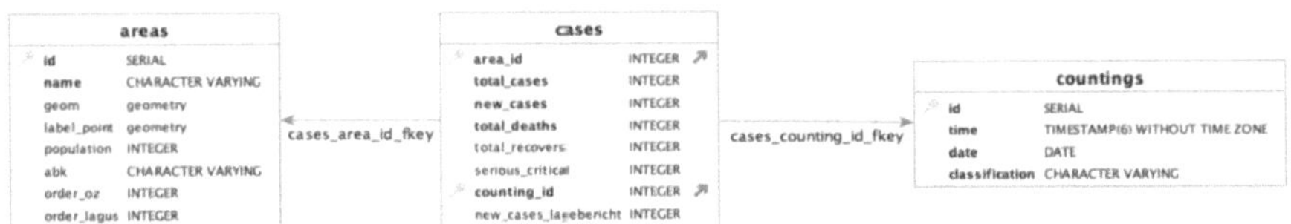

Abbildung 4: Datenmodell zur Speicherung in Postgresql-Datenbank
round((sum(c.new_cases) OVER (ORDER BY c.area_id, c.counting_id ROWS BETWEEN 6 preceding AND current row))::numeric / a.population * 100000::numeric, 1) AS new_cases_l7_pop100

Die berechneten Werte werden in einem 2-dimensionalen Array mit dem fortlaufenden Tag als Index zusammengestellt und in Form einer JSON-Datei[4] für die Anwendung bereitgestellt. Für die Kartenerstellung wurde MapServer und in dem Mapfile für jeden Layer ebenfalls die entsprechenden SQL-Statements verwendet. Die Karten, die noch nicht vorhanden sind, werden durch die Anwendung per WMS[5] abgefragt und auf dem Server gespeichert. Dadurch müssen die Karten nicht für jede Anfrage neu vom MapServer gerendert werden.

4   Diagramme

Zur Veranschaulichung des Verlaufes der Fallzahlen wurde eine Reihe von Diagrammen implementiert. Das erste Diagramm zeigt die kumulativen Fälle in

---

[4] https://coronamap-mv.de/js/data.php
[5] https://coronamap-mv.de/ows/?Service=WMS&Request=GetCapabilities&Version=1.3.0

allen Landkreisen im 3-Tage-Mittel. Das zweite Diagramm zeigt die Summe der neuen Fälle der letzten 7 Tage pro 100.000 Einwohner in MV gesamt. Hier lassen sich die 3 Wellen besonders gut erkennen. Im 3. Diagramm zeigt sich das Verhältnis aus Infektionen, Genesenen und Erkrankten sowie die Sterbefälle. Nach dem Diagramm mit der Verdoppelungsrate wird je ein Diagramm mit den neuen Fällen und das 7-Tage-Mittel anzeigt.

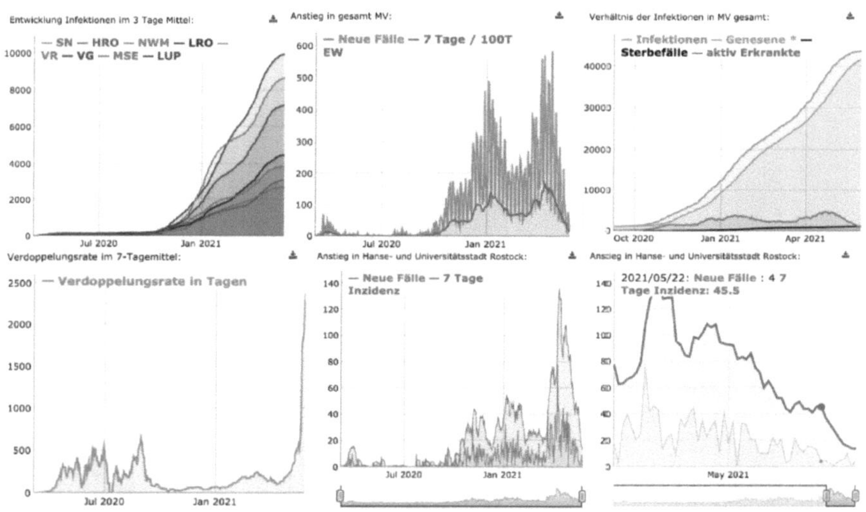

Abbildung 5: Diagramme

Von allen Diagrammen lassen sich Ausschnitte und einzelne Werte anzeigen, s. Diagramm 6. Die Diagramme wurden mit der JavaScript-Bibliothek Dygraph erstellt. Die interaktive Kartendarstellung der Impfzentren und Schnelltestorte erfolgte mit der JavaScript-Bibliothek Leaflet. Als Quelle für die Standorte dient ein GeoWeb-Dienst vom Geoportal-MV.

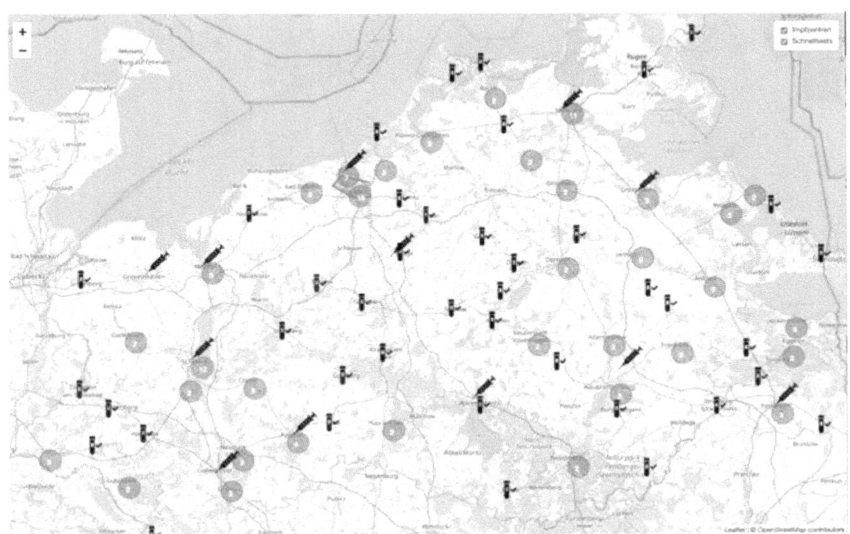

Abbildung 6: Interaktive Karte mit Impfzentren und Schnelltestzentren

5   Zusammenfassung und Ausblick

Es wurde eine Web-Anwendung erstellt, auf der die Corona-Daten sowohl in Karten als auch Diagrammen anschaulich dargestellt werden. Die Web-Seite wurde von bis zu 430 Nutzern pro Tag abgerufen, was vermutlich auf einen geringen Bekanntheitsgrad zurückzuführen ist. Noch ist die Corona-Pandemie nicht gänzlich überstanden, und so lange wird die Anwendung noch verfügbar sein. Es ist zu wünschen, dass die datenerhebende Stelle (LAGuS) die Daten zukünftig in maschinenlesbarem Format möglichst per Web-Dienst zur Verfügung stellt und auch die Daten veröffentlicht, die zur Berechnung der veröffentlichten Inzidenzen führen. Wir hoffen aber, solch eine Anwendung später nicht noch einmal bereitstellen zu müssen.

Infrastruktur

Umsetzung einer Lösung zur Einmessung von Trinkwasserhausanschlüssen mittels mobiler Endgeräte bei der Nordwasser GmbH

Stefan Hammann

Nordwasser GmbH Nordwasser GmbH, Carl-Hopp-Straße 1, 18069 Rostock

Abstract. Bei der Errichtung eines Grundstücksanschlusses sind bei der Nordwasser GmbH eine Vielzahl von unterschiedlichen Abteilungen beteiligt. Beginnend bei dem Antrag des Kunden über den Bau bis hin zur abschließenden Dokumentation des Grundstücksanschlusses durch die Technische Dokumentation wurden in der Vergangenheit zahlreiche analoge Dokumente ausgefüllt. Erschwerend kam hinzu, dass die einzelnen Prozessbeteiligten örtlich voneinander getrennt waren. Dies verzögerte den Austausch der Dokumente auch zeitlich. Im Rahmen der Digitalisierungsstrategie der Hansestadt Rostock wurden die stadteigenen Gesellschaften dazu aufgefordert, ihre Prozesse zu dokumentieren und im Anschluss zu digitalisieren. In diesem Zusammenhang wurde bei der Nordwasser GmbH eine Lösung gesucht, die es ermöglichen sollte, Hausanschlüsse mit einer Genauigkeit von < 30 cm aufzumessen und gleichzeitig die Masse der analogen Dokumente zu reduzieren. Eine Sondierung des Marktes ergab unterschiedliche Möglichkeiten, die Anforderungen zu erfüllen. Im Ergebnis hat sich die Nordwasser GmbH für die Umsetzung einer Lösung mit mobilen Endgeräten entschieden. Grundlage hierfür bildete ein Anforderungskatalog, in dem die abzubildenden Prozesse aufgeschlüsselt wurden.

1 Einleitung

1.1 Nordwasser gmbH – Wir stellen uns vor

Seit dem 1. Juli 2018 erfüllt die Nordwasser GmbH die Aufgaben der Wasserversorgung und Abwasserentsorgung sowohl für die Hanse- und Universitätsstadt Rostock als auch für die 28 Mitgliedsgemeinden des Zweckverbandes Wasser Abwasser Rostock-Land im Auftrag des Warnow-Wasser- und Abwasserverbandes (WWAV). Nordwasser unterhält dazu drei Standorte im Versorgungsbereich (ZKA Rostock, Wasserwerk Rostock, Tessin).

Abbildung 1: Gesellschafter Nordwasser GmbH

1.2 Herausforderungen bei der Erstellung eines Grundstückanschlusses

Im Zuge einer Baumaßnahme werden in der Regel die Versorgungsleitungen im öffentlichen Bereich durch die Nordwasser GmbH verlegt. Angrenzende Flurstücke werden durch einen Grundstücksanschluss vorgestreckt und gelten somit als erschlossen.

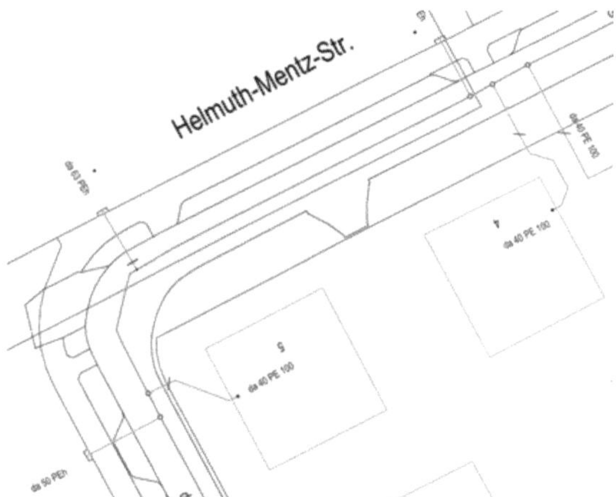

Abbildung 2: Vorgestreckte Trinkwasserleitung

Möchten sich Kunden an das Trinkwassernetz über den Grundstücksanschluss anschließen lassen, treten diese an die Nordwasser GmbH heran und beantragen einen Anschluss. In diesem Moment beginnt ein Prozess, der sich wie folgt darstellt:

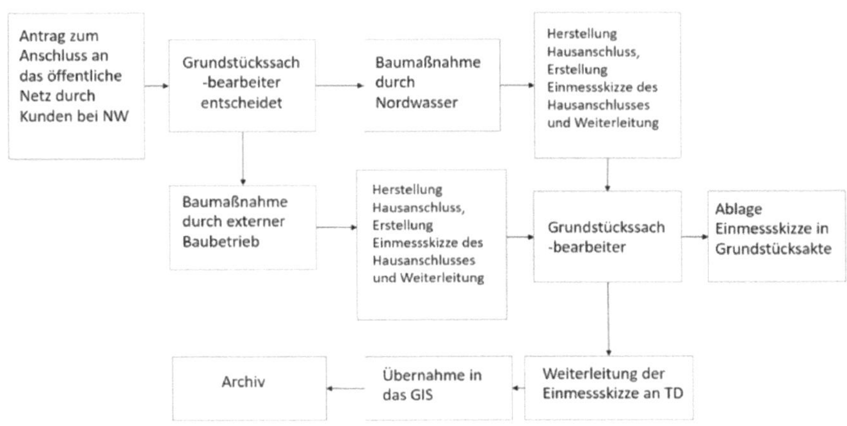

Abbildung 3: Workflow zur Erstellung eines Hausanschlusses

Zu diesem Vorgang gehören über den Antrag bis zum abschließenden Aufmaß des errichteten Grundstücksanschlusses durchschnittlich neun Dokumente, die auf unterschiedlichen Wegen (postalisch, Mailverkehr …) „bewegt werden". Bei Begutachtung des Prozesses erkennt man, dass der Grundstücksachbearbeiter von zentraler Bedeutung für den Prozess und Ansprechpartner in allen Belangen ist.

1.3 Anforderungen

Im Rahmen der Umsetzung der Digitalisierungsstrategie in der Hansestadt Rostock wurden die stadteigenen Gesellschaften dazu aufgerufen, ihre Prozesse digital zu gestalten. Bei der Aufarbeitung der Prozesse zeigte sich, dass der o. g. Prozess ein hohes Digitalisierungspotenzial aufwies: einerseits die hohe Anzahl der Dokumente, andererseits durch das digitale Aufmaß der Grundstücksanschlüsse, ergänzt um das anschließende Importieren in das Geoinformationssystem (GIS) Smallworld.

Um eine geeignete Software zu finden, wurde der Prozess mit seinen Anforderungen sowie der Status quo in einem Lastenheft zusammentragen und ausformuliert. Dabei ergaben sich 6 Forderungen, die den Rahmen um das Projekt bilden:

1.   Grundstückssachbearbeiter verbleibt als Ansprechpartner
2.   Einbindung in die vorhandene IT-/GIS-Landschaft bei Nordwasser

3. Der Workflow darf nicht geändert werden
4. Ablösung der Handskizze durch eine digitale Lösung
5. Ablösung der analogen durch eine digitale Dokumentation
6. Für Fremdfirmen einsetzbar

Die detaillierte Beschreibung der Anforderungen ermöglichte die Betrachtung einer Vielzahl unterschiedlicher Lösungen. Letztendlich hat sich die Nordwasser GmbH für den Einsatz der Software NAVA von Mettenmeier entschieden. Vorteil dieser Softwarelösung ist unter anderem, dass sie den Monteuren über mobile Endgeräte zur Verfügung gestellt werden kann.

2   NAVA

2.1 Funktion

Die erworbene Softwarelösung – NAVA Manager – zeichnet sich neben der zuvor erwähnten Mobilität auch durch ihre Benutzerfreundlichkeit aus. Dies beinhaltet unter anderem, dass der Grundstücksachbearbeiter seine Teilprozesse mittels einer cloudbasierten Weblösung bearbeiten kann und die Software frei konfigurierbar ist und somit an die Prozesse von der Nordwasser GmbH angepasst werden kann. Gleichzeitig kann eine Vielzahl der notwendigen Dokumente digital im NA-VA Manager hinterlegt werden, sodass die Monteure vor Ort kaum noch Daten auf Papier zu erfassen haben.

Der Prozess lässt sich jetzt wie folgt beschreiben: Löst der Grundstückssachbearbeiter einen Auftrag aus, werden die relevanten Daten auf das mobile Endgerät (Handy) des zuständigen Monteurs übermittelt. Die mobile Version der NA-VA App empfängt diese Daten und stellt sie dem Monteur zur Verfügung. Mittels der App füllt der Monteur die Formulare aus und erstellt das digitale Aufmaß. Nach Abschluss der Tätigkeiten übermittelt er die generierten Daten zur Kontrolle an den Grundstücksachbearbeiter. Im Büro werden die Daten auf Vollständigkeit geprüft und per Knopfdruck durch den Grundstücksachbearbeiter freigegeben. Nach der Freigabe werden die Daten über eine Schnittstelle an die Technische Dokumentation weitergeleitet. Eine Fotodokumentation rundet das Ergebnis ab, insbesondere zur Beweissicherung und/oder Dokumentation von Zählerständen.

Abbildung 4: NAVA Manager

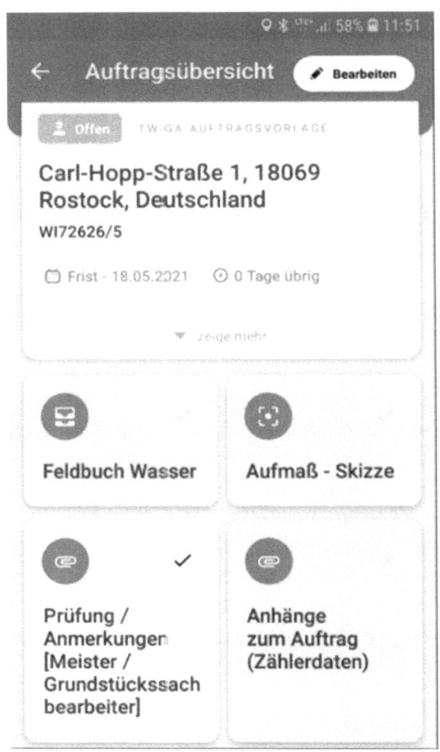

Abbildung 5: NAVA App

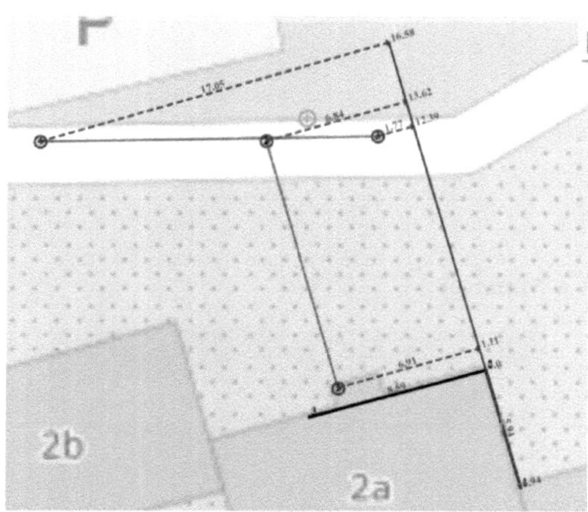

Abbildung 6: Eingemessener Hausanschluss

2.2 Schnittstelle

Über die NAVA-Schnittstelle gelangen Skizzen, Fotos und Sachdaten über einen im Hintergrund gesicherten Zugriff auf den Cloud-Dienst direkt in das Smallworld GIS. Übergeben werden nur Punktobjekte; Linienobjekte werden nicht erzeugt.

Je nach Objektklasse können die einzelnen Objekte in Smallworld konstruiert und in die Datenbank übernommen werden. Da von jedem aufgemessenen Punkt in der NAVA App im Hintergrund ein Bild gespeichert wird, erleichtert dies dem Innendienst die Weiterverarbeitung. Aufnahmeskizzen und weitere Formulare zum NAVA Auftrag können heruntergeladen und als Verbunddokumente verknüpft werden.

Die Transformation von lokalen Koordinaten zu den absoluten Koordinaten erfolgt dabei – ohne Ausgleichung – einzig über eine Verschiebung (Translation) und Drehung (Rotation) mit gespeicherten Transformationspunkten, sodass die Georeferenzierung der Daten transparent und nachvollziehbar ist.

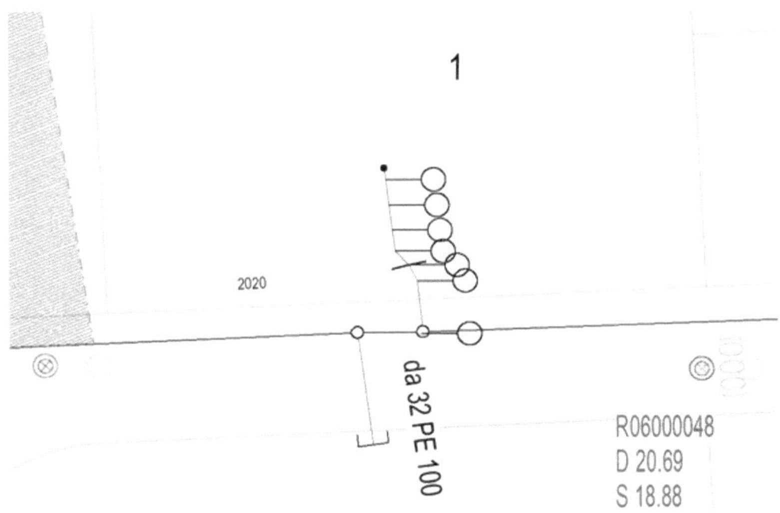

Abbildung 7: Datenübernahme in das GIS

2.3 Messgenauigkeit

Die Genauigkeit bei der Einmessung ist stark hardwareabhängig. Handys der neusten Generation verfügen über höhere Rechenkapazität, bessere Kameras sowie zusätzliche Sensoren. Insbesondere TOF-Sensoren erhöhen die Genauigkeit maßgeblich.

Bei der Mettenmeier GmbH wurde extra hierfür eine Kalibrierstrecke errichtet, die es ermöglicht, aktuelle Handytypen zu testen und auf Funktionalität zu prüfen. Endgeräte mit einem IOS-System haben sich noch einmal besser bewährt als Android. Wie in Abbildung 8 ersichtlich ist, liegt die Genauigkeit der Einzelmessung bei einem Google Pixel 4 unter 20 cm. Dies entspricht der Genauigkeitsanforderung der Nordwasser GmbH.

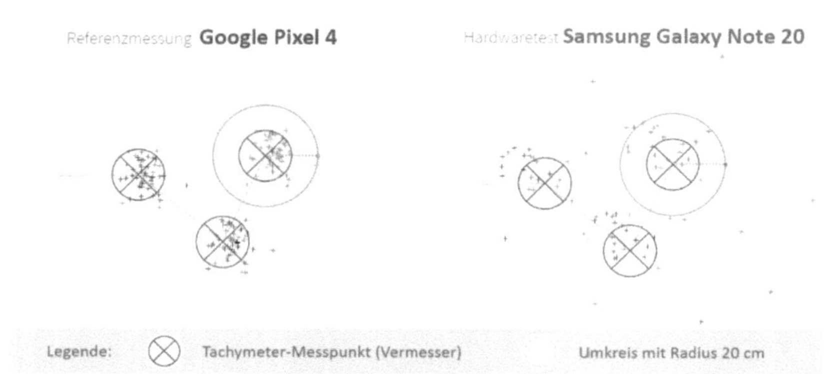

Abbildung 8: Gegenüberstellung Genauigkeiten

3 Zusammenfassung und Ausblick

Aktuell sind Einsparpotenziale im administrativen Bereich von 50 % angestrebt. Das Kopieren und Archivieren der analogen Dokumente fällt nahezu weg. Ein Großteil des Prozesses ist digital überführt und entspricht somit den Anforderungen der Nordwasser GmbH.

Durch die Einarbeitung der Grundstücksanschlüsse, auch bei fehlenden ALKIS-Daten, erhöht sich die Qualität im GIS nachhaltig. Positiver Nebeneffekt ist, dass die Mitarbeiter in der Technischen Dokumentation bei ALKIS-Aktualisierungen nicht mehr die neu errichteten Liegenschaften suchen müssen, um die analogen Aufmaße einzuarbeiten.

Da NAVA Manager und NAVA App frei konfigurierbar sind, werden zukünftig weitere Möglichkeiten entstehen, um die Software bei Nordwasser einzusetzen. Das Aufmaß und die Dokumentation von Rohrschäden, der Bau von Grundstücksanschlüssen im Abwasserbereich sowie das Aufmaß fehlender Objekte (Schieber, Schächte) seien hier beispielhaft genannt.

Die NAVA App sowie der NAVA Manger werden kontinuierlich weiterentwickelt. Es gibt Bestrebungen, die aufgemessenen Bestände zukünftig schon gleich in der richtigen Objektklasse nach Smallworld zu überführen. Der darauf aufbauende nächste Schritt wäre, die Leitungsbestände vor Ort schon mit Sachdaten zu versehen, um die Datenbank automatisch zu füllen.

Starkregengefahrenkarten:
Datenmodell und rechtssichere Darstellung

Thomas Einfalt[1], Lutz Kuwalsky[2], Markus Tüxen[3], Barbara Schäfers[4]

[1]hydro & meteo GmbH; [2]Vermessungsbüro Holst und Helten,
[3]Donoth Fuhrmann Tüxen, [4]Hansestadt Lübeck

Abstract. Die Erstellung eines Datenmodells zum Thema Starkregengefahren, das INSPIRE- und GDI-Vorgaben berücksichtigt, und die rechts-
sichere Bereitstellung der Daten für die Bevölkerung sind eine Herausforderung für Kommunen. Diese Themen wurden schwerpunktmäßig in
den vergangenen drei Jahren in Lübeck im Rahmen des BMU-
geförderten Leuchtturmprojektes i-quadrat (Optimierung innerkommuna-
ler Informationsflüsse) von der Hansestadt Lübeck, der Firma hydro &
meteo GmbH, Lübeck und der Technischen Hochschule Lübeck bearbeitet. Die Ergebnisse liegen jetzt seit Ende 2020 vor.

1   Gesamtziel des Vorhabens

Die Anpassung an den Klimawandel erfordert in der Kommune die Zusammenarbeit verschiedener Abteilungen mit unterschiedlichen Zielsetzungen und
Rahmenbedingungen. Dabei verläuft das Zusammenspiel der Beteiligten nicht
immer konstruktiv. Um Vorsorge betreiben und gezielt planen zu können, muss
vorhandenes Wissen (z. B. Geodaten, Wissen um Gefahren durch den Klimawandel und Wissen zum Ist-Zustand in der Stadt) gebündelt und ausgetauscht
werden. Zur Verbesserung der innerkommunalen Geodateninfrastruktur (GDI)
wurde im Leuchtturmprojekt i-quadrat ein Ansatz zur Datenstrukturierung gewählt, der zusätzlich die Übertragbarkeit auf andere Kommunen zum Ziel hat.
Um dieses Ziel zu erreichen, erfolgte eine Orientierung am europaweit gültigen
INSPIRE-Modell.

2 Datenmodell und Metadaten

Ein Teilziel des Projektes war, ein einfach zu nutzendes Geodatenmodell zu entwickeln, das die Handlungskompetenz der unterschiedlichen Behörden einer Stadtverwaltung bezüglich der Aufgabe „Anpassung an den Klimawandel" unterstützen kann. Dieses Geodatenmodell sollte sowohl die verschiedenen Fachdaten selbst als auch deren Metadaten beinhalten. Zusätzlich zur einfachen Handhabung sollte das Geodatenmodell auf andere Kommunen übertragbar sein, weshalb man sich am europaweit gültigen INSPIRE-Modell orientiert hat.

In INSPIRE gab es im Bereich der natürlichen Risiken keine Strukturelemente zur Berücksichtigung von Starkregengefahren. Auch die Standardisierung der Hochwassergefahren durch die Fachgremien war und ist noch nicht abgeschlossen, obwohl sie für die Bereitstellung von Informationen zur EU-Hochwasserrisikomanagementrichtlinie (HWRM-RL) erforderlich sind (Pfeiffer, 2020).

2.1 Datenmodell

Im ersten Projektjahr wurde entschieden, welche Daten in das einzurichtende Geodatenmodell aufgenommen werden sollen. Weiterhin erfolgte deren Prüfung auf Verfügbarkeit, Vollständigkeit und Aktualität. Als Grundlage dienten die im Rahmen des Projektes „RainAhead" erhobenen Fachdaten, erweitert um das zwischenzeitlich für Lübeck erstellte Anpassungskonzept an den Klimawandel. Den ausgewählten Fachdaten wurden Attribute zugeordnet, um eine weitere Spezifizierung zu ermöglichen. Dabei wurden Standardisierungen vorgenommen, um den Richtlinien übergeordneter Dateninfrastrukturen zu entsprechen und weitere Schnittstellen für die Erweiterung des Datenmodells bereitzuhalten (INSPIRE-Konformität).

Da sich die Abläufe zur Integration des Datenmodells in das INSPIRE-Konzept in den entsprechenden INSPIRE-Fachgruppen als zeitlich nicht kalkulierbar erwiesen, wurde praxisorientiert das „Modell Lübeck" auf den Weg gebracht. Die Bezeichnung „Modell Lübeck" wurde gewählt, um dieses Modell als Vorstufe zur Harmonisierung mit anderen Kommunen zu definieren.

Es folgten die Abstimmung mit dem Landesamt für Landwirtschaft, Umwelt und ländliche Räume des Landes Schleswig-Holstein (LLUR) und die Vorlage beim Landesamt für Vermessung und Geoinformation (LVermGeo).

Das „Modell Lübeck" setzt sich zusammen aus 11 Layern, von denen die Nummer 01, 02 und 09 selbst erstellt sind, während die anderen über die Inhalte des Projektes i-quadrat hinausgehen (Abbildung 1).

Lfd-Nr	Layer	Attribute
01	senken	Senke_ID, Senke_Name, Volumen, Tiefe_max, Freifläche Fläche, Berechnungsverfahren, Mindesttiefe, Detailraster
02	fliesswege	Fließwege_ID, Fließwege_Name, Länge, Oberlieger
03	gewaesser	Gewässer_ID, Gewässer_Name, Fläche, Volumen, Tiefe_max
04	verrohrte_gewaesser	Verrohrte_Gewässer_ID, Verrohrte_Gewässer_Name, Lage_unter_GOK, Rohrdurchmesser, Übergeordnetes-Fließgewässer
05	mischkanalisation	Teil_EZG_ID, Teil_EZG_Name, Teil_EZG_Fläche, Umbaudatum_Trennkanalisation
06	versickerungsfaehigkeit	Versickerungsfähigkeit_ID, Versickerungsfähigkeit_Name, KF-Klasse, KF-Profil, Versickerungsfähigkeit, Betextung
07	moor_anmoorboden	Moor_Anmoorboden_ID, Moor_Anmoorboden_Name, BT_Text, BT_Code, Mächtigkeit, Fläche
08	gruenack	GruenAck_ID, GruenAck_Name, BT_Text, BT_Code, Fläche
09	siedlungsflaeche	Siedlungsflaechen_ID, Siedlungsflaechen_Name, Fläche, Nutzungsschluessel, Dichtestufe
10	kuestenhochwasser	Kuestenhochwasser_ID, Kuestenhochwasser_Name, Wahrscheinlichkeit, technischer Schutz_vorhanden, Tiefe Ausmaß
11	flusshochwasser	Flusshochwasser_ID, Flusswasser_Name, Gewässerzugehörigkeit, Wahrscheinlichkeit, technischer Schutz_vorhanden, Tiefe, Fläche

Abbildung 1: Layer des „Modell Lübeck"

Ziel des „Modell Lübeck" ist es, diese einheitliche Struktur als Datenmodell im stadtinternen GIS zu nutzen und so den innerkommunalen Datenaustausch zu vereinheitlichen und zu vereinfachen.

2.2 Metadaten

Daten im INSPIRE-Modell sind nur mit Metadaten vollständig (aggregiert). Bei Absprachen mit dem LVermGeo wurde deutlich, dass der ursprünglich verfolgte Plan, ein eigenes Metadaten-Wiki zu entwickeln, den Zielen einer einheitlichen Geodateninfrastruktur zuwiderläuft, denn es existiert bereits ein landesweites Metadatenportal namens SH-MIS. Um Redundanz zu vermeiden, wurden nur für die eigenen (d. h. selbst erstellten) Fachdaten-Layer „Senken", „Fließwege" und „Siedlungsflächen" Metadaten generiert und dem SH-MIS bereitgestellt. Sie stehen auf Anfrage auch weiteren Kommunen in anderen Bundesländern zur Verfügung, sodass ein Transfer gegeben ist.

Es ist eine praktikable Lösung erarbeitet worden: Das Datenmodell wurde auf die Verwaltung der Hansestadt Lübeck und deren verfügbare Daten zugeschnitten (Orientierung am Klimaanpassungskonzept). Das bedeutet, dass die Daten nicht nur veröffentlicht, sondern mittels Metadaten auch normiert beschrieben wurden. Sowohl die Veröffentlichung und damit Abrufbarkeit der Daten (Senken und Fließwege im Schleswig-Holsteinischen Fachportal „DigitalerAtlas-Nord" (DANord) des LVermGeo SH unter https://danord.gdi-sh.de/viewer/resources/apps/projekti2hl/index.html?lang=de#/) als auch deren Beschreibung (Metadaten nach dem „Leitfaden zur Metadatenerfassung in Schleswig-Holstein" im SH-MIS) fanden in enger Abstimmung mit dem LVermGeo statt.

Die übrigen acht Layer sind ebenso in das Datenmodell der Hansestadt Lübeck eingeflossen, die Veröffentlichung beispielsweise als „Web Map Service" (WMS) mit ihren zugehörigen Metadaten wäre Aufgabe der für die Daten Verantwortlichen, vom Projekt erfolgten Vorarbeiten zur Strukturierung und zur Beschreibung.

3   Veröffentlichung über eine Web-Plattform

Ein frei zugängliches Web-Portal [www.projekt-i-quadrat.de] wurde für die vorliegenden, vielfältigen Daten erstellt, um sie möglichst vielen Menschen zugänglich zu machen. Es umfasst einen Maßnahmenkatalog zur Eigenvorsorge, Informationen zum aktuellen Niederschlagsgeschehen und zu Starkregen/Klimawandel.

Zudem ermöglicht es über eine Schnittstelle zum Fachportal „DANord" einen leicht nutzbaren Zugriff auf Karten zu Überflutungsgefahren.

Der „DANord" wurde zum Veröffentlichen der Daten gewählt, weil er Schleswig-Holstein-weit eine einheitliche Plattform bietet. Die Daten werden dort als OGC-konformer WMS zur Verfügung gestellt; gefunden werden sie über das Metadaten-Portal SH-MIS.

Der Zugriff erfolgt bis zu einem maximalen Maßstab von 1:10.000.

Abbildung 2: Aufruf der Senken und Fließwege der Hansestadt Lübeck im DANord im Maßstab 1:20.000 (Landesamt für Vermessung und Geoinformation SH)

4 Rechtssicherheit

Grundsätzlich können Geodaten zu Starkregengefahren in Schleswig-Holstein durch die jeweils geodatenhaltende Stelle veröffentlicht werden. Hierzu gibt es nähere Angaben in Karg (2008), wo die Daten in drei Kategorien klassifiziert werden:

- „Grüne Daten" sind unbedenklich und dürfen ohne weitere Prüfung veröffentlicht werden.

- „Gelbe Daten" gelten als bedenklich und bedürfen einer weiteren Absprache zwischen der geodatenhaltenden Stelle und dem Unabhängigen Landeszentrum für Datenschutz (ULD). Hier wird entschieden, ob die Daten veröffentlicht werden dürfen und in welchem Maße Beschränkungen greifen (z. B. Maßstabsbeschränkungen für einen Darstellungsdienst oder vordefinierte Datenpakete für einen Downloaddienst).
- „Rote Daten" sind als äußerst bedenklich eingestuft und dürfen nicht veröffentlicht werden. Neben der Absprache zwischen der geodatenhaltenden Stelle und dem ULD bedarf es weiterhin des Nachweises eines berechtigten Interesses aufseiten des Antragsstellers.

Die jeweils geodatenhaltende Stelle einer Kommune hat vor der Veröffentlichung aller, auch „grüner" Daten die Abstimmung mit dem ULD zu suchen. Zur Vereinfachung wurde durch das ULD sowie die in Schleswig-Holstein eingerichtete Koordinierungsstelle ein standardisierter von den geodatenhaltenden Stellen zu beantwortender Fragenkatalog entwickelt, der eine Zuordnung der Geodaten zu einer Kategorie ermöglichen soll. Im Fall von „gelben" und „roten" Geodaten werden Möglichkeiten zur Offenlegung aufgezeigt (Maßstabsbeschränkungen, Aggregationen).

Auch in den übrigen Bundesländern ist die INSPIRE-Richtlinie durch Parlamentsgesetze in Geodatenzugangsgesetze umgesetzt worden, die den Zugang zu diesen Daten regeln.

5 Zusammenfassung und Ausblick

Die Hauptziele des Leuchtturmprojekts i-quadrat waren:

- die Verbesserung der Rechtssicherheit für die Veröffentlichung und Weitergabe kommunaler Daten,
- die Formalisierung der Datenstrukturen in der Kommune und die Erstellung INSPIRE-konformer Starkregenkarten,
- die Erstellung eines Open-Source-Webportals für den einfachen Zugriff auf kommunale Daten und Karten im Kontext Klimaanpassung und
- die Sammlung von Wissen aus Stadtverwaltung und städtischen Akteuren, wie z. B. Wohnungsbauunternehmen, Handwerksbetrieben und interessierten Bürgern, zu Beobachtungen in Zusammenhang mit Klimaauswirkungen in der Stadt.

Alle diese Ziele wurden erreicht und können im Projektbericht auf der Projektseite http://www.projekt-i-quadrat.de detaillierter nachgeschlagen werden.

Das Projekt hatte eine Laufzeit bis Ende 2020.

Literatur

Karg, M. (2008): Datenschutzrechtliche Rahmenbedingungen für die Bereitstellung von Geodaten für die Wirtschaft, Gutachten im Auftrag der GIW-Kommission.
Pfeiffer, M. (2020): persönliche Mitteilung von Manuela Pfeiffer (LLUR) am 18.12.2020.

Modernes GIS-Management gefährlicher Altlasten bei der Feuerwehr der Hansestadt Hamburg

Hans-Martin Krausmann

ARC-GREENLAB GmbH, Krausmann.martin@arc-greenlab.de

Abstract. Der Beitrag zeigt aktuelle Lösungen für komplexe Anforderungen beim Management von Kampfmitteln bei der Feuerwehr Hamburg. Mit dem Kampfmittelflächenkataster- und Antragsverwaltungs-Informationssystem „KAI" werden alle Verwaltungsvorgänge, die beim Umgang mit Kampfmitteln auftreten, in einer modularen Lösung zur Verfügung gestellt. Eine enge Kopplung zwischen Geodaten und Sachdaten stellt sicher, dass alle am Prozess beteiligten Akteure in einer zentralen, serverbasierten Anwendung und in einem einheitlichen Datenbestand arbeiten können. Aktuell wird mit neuen Funktionen eine automatisierte Abfrage von Informationen innerhalb von KAI über das Hamburger Serviceportal implementiert. Dabei unterstützt das Amt für IT und Digitalisierung der Senatskanzlei mit seinem Programm „DigitalFirst".

1   Alle Beteiligten einbinden

Mit der Fachlösung KAI werden bei der Feuerwehr die Abteilungen für die Gefahrenerkundung Kampfmittelverdacht (GEKV) sowie die Fachkräfte beim Kampfmittelräumdienst (KRD) mit einem Zugang zum zentralen Geo- und Sachdatenpool ausgestattet. Weiterhin können externe Verfahrensbeteiligte schon jetzt über einen geschützten Zugang als Räumfirmen Antragsdaten digital einreichen und von der Behörde zeitnah kontaktiert werden. Aktuell werden noch deutlich weitergehende komfortable Kommunikationswege im Rahmen der Digitalstrategie des Hamburger Senats geplant und implementiert.

2 Aktuelle Relevanz der Kriegsaltlasten – Kampfmittelmanagement

Im Hamburger Untergrund sind als Altlasten des 2. Weltkrieges auch zum heutigen Zeitpunkt noch umfangreiche Munitionsbestände nicht lokalisierter Herkunft vorhanden. Bei Maßnahmen, die Eingriffe in den Untergrund betreffen, bestehen aus diesem Grund umfangreiche Anforderungen an die Prüfung auf Kampfmittelverdachtsmomente und die Dokumentation der eventuell schon vorhandenen Erkenntnisse zu möglichen Belastungen. In einer im System KAI enthaltenen Prozessmodellierung und der zugehörigen Funktionalität in der Anwendung werden alle Verfahrensbeteiligten, die genutzten materiellen und personellen Ressourcen sowie die Daten zu geborgener und entschärfter Munition verarbeitet.

Abbildung 1: Luftbild mit Zerstörungen im Hamburger Hafengebiet, Quelle: Feuerwehr Freie und Hansestadt Hamburg

3   Geodaten umfangreich und schnell nutzen

Im zentralen Geodatenpool werden alle relevanten Datenebenen (wie beispielsweise Verdachtsflächen, historische Karten, Flächensanierungen, durchgeführte Räumeinsätze und Bürgerhinweise) gespeichert und können von zugriffsberechtigten Mitarbeiterinnen und Mitarbeitern der Feuerwehr Hamburg bearbeitet werden. Die Bearbeitung erfolgt aktuell mit dem ArcGIS Desktop-Produkt ArcMap und wird künftig in ArcGIS Pro realisiert werden. Zwischen der Desktop-GIS-Anwendung und dem Fachverfahren existiert eine bidirektionale Schnittstelle. Damit für weitere Benutzer auch im Bereich Kampfmittelräumdienst ein komfortabler Zugriff möglich ist, wurde hier eine angepasste webbasierte Kartenapplikation auf Basis der ArcGIS Enterprise Plattform entwickelt. In dieser App ist auch eine schnelle Lokalisierung im Einsatzfall des KRD zu möglichen Belastungen und vorhandenen Untersuchungsgebieten möglich. Weiterhin können in einer speziellen Dokumentations-App während des Einsatzes im Außendienst direkt Informationen zu einem Kampfmittelfund (Fotos, Sach- und Lageinformationen) erfasst und im zentralen Datenbestand genutzt werden.

4   Arbeit erleichtern und „Datenschätze" heben

Durch die einheitliche und einfache Gestaltung der Benutzerschnittstelle werden alle Prozessbeteiligten in die Lage versetzt, die notwendigen Arbeitsschritte effizient zu erledigen. Zudem kann ein größerer Anteil der Belegschaft auf die Geodaten in der webbasierten Kartenanwendung zugreifen. Entscheidungen können so auf besserer Datengrundlage getroffen werden. Ein umfangreiches Berichtswesen ermöglicht es, Muster und Auffälligkeiten im Datenbestand zu erkennen, die in den bisherigen Datenbanklösungen nicht ermittelt werden konnten. Die Verteilung der Aufgaben und das zentrale Management der Fallbearbeitung in einem Bearbeitungskalender haben die Effizienz in der Sachbearbeitung deutlich gesteigert.

Mit dem Baustein eines zentralen Berichtsmanagements kann die Fachadministration in Eigenregie Berichte an geänderte Anforderungen anpassen oder im Zugriff auf das logisch strukturierte Datenmodell neue Auswertungen erzeugen.

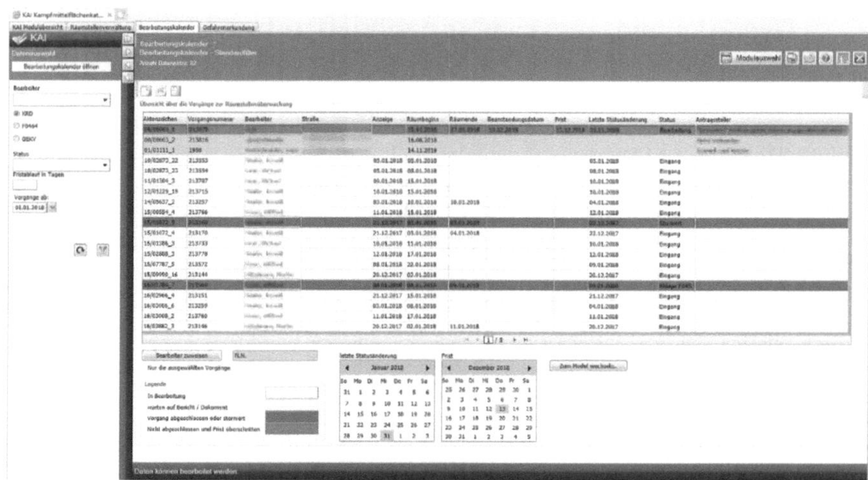

Abbildung 2: Bearbeitungskalender in KAI, Quelle: ARC-GREENLAB

5   Zusammenfassung und Ausblick

Mit der Lösung KAI besitzt die Feuerwehr Hamburg ein umfangreiches Werkzeug, das sich im Praxiseinsatz der vergangenen Jahre beim Management der vielfältigen Anforderungen im Umgang mit gefährlichen Altlasten in der Hansestadt bewährt hat. In einem kontinuierlichen Anpassungsprozess ließen sich neue und geänderte Anforderungen an die Softwarelösung gut in das bestehende Modulkonzept integrieren. Aktuelle Anpassungen an neue GIS-Bausteine und eine erweiterte Bürgerbeteiligung werden kontinuierlich bearbeitet.

Mobilität + Verkehr

Der digitale Zwilling für mehr Mobilität in der Stadt

Lothar Liesen, Julia Koch

Cyclomedia Deutschland GmbH
lliesen@cyclomedia.com, jkoch@cyclomedia.com

Abstract. Eine intelligente Stadt ist eine digitale Stadt – daher beginnt alles mit der digitalen Transformation. Herausforderungen wie das Organisieren von Mobilität oder die Schaffung eines klimafreundlichen Lebensraums setzen voraus, dass ein Mindestmaß an digitaler Struktur in den Städten vorhanden ist. Mit hochauflösenden, georeferenzierten Bildern des öffentlichen Straßenraums lassen sich Strukturen und Objekte von der analogen in die digitale Form überführen. Cyclomedia bietet Kommunen mit diesen Aufnahmen ein „Starter-Kit", um den digitalen Zwilling der Stadt zu erstellen, auf dessen Basis die Mobilitätsstrukturen optimiert werden.

1 Mobilität als eines der wichtigsten Themen der Zukunft

Die Urbanisierung nimmt kontinuierlich zu: Immer mehr Menschen zieht es vom Land in die Stadt, die somit nicht nur wirtschaftlich von großer Bedeutung, sondern auch Lebensraum der Zukunft ist. Städte sollen im Zuge dieses Wandels intelligent, effizient und nachhaltig, also zur Smart City werden und ihren Fokus auf Wirtschaft, Wohnraum, Menschen, Umwelt und – als eines der wichtigsten Themen – Mobilität setzen. Metropolen und Gemeinden betrifft die Verstädterung, wenn es um Mobilität geht, auf unterschiedliche Art. Das rapide Wachstum der Metropolregionen wird von einer schnell wachsenden Anzahl von Fahrzeugen sowie einem höheren Verkehrsaufkommen begleitet (World Scientific Publishing Company, 2020). Für kleinere Kommunen hingegen gilt es, den Anschluss an moderne Infrastrukturlösungen nicht zu verpassen und den Bürgern intelligente Verkehrslösungen anzubieten (Horváth & Partners, 2019). Um Ziele wie die Entlastung des innerstädtischen Straßennetzes, die Reduzierung von Abgasen oder die Steigerung der Lebensqualität der Bürger erreichen zu können, werden Konzepte für die Neuverteilung des öffentlichen Straßenraumes, den Ausbau des Radwegenetzes oder den Aufbau von Ladestrukturen für Elektrofahrzeuge erstellt. Diese Konzepte sollen für Städte die Grundlage bilden, sich neuen Herausforderungen zu stellen und sich an die stark ändernden Anforderungen der Zukunft anpassen zu können. Damit diese Konzepte erstellt werden können, muss eine detaillierte Bestandsaufnahme der vorhandenen Infrastruktur vorgenommen werden. Auf Basis der hochauflösenden, georeferenzierten Bilder von Cyclomedia kann diese Bestandsaufnahme effizient und zeitnah durchgeführt werden. Hierbei geht es nicht allein um die Straßen, sondern auch um die straßenbegleitenden Objekte wie Verkehrszeichen und öffentliche Beleuchtung, aber auch um die Markierungen auf den Fahrbahnen und die Zustandserfassung der Verkehrswege.

Abbildung 1: Mobilität als wichtigstes Thema der Stadt der Zukunft

2   Sicher vorankommen

Die Steigerung der Verkehrssicherheit aller Verkehrsteilnehmer kommt zu der Aufgabe hinzu, die Infrastrukturen für Mobilität und Verkehr an die sich stark ändernden Anforderungen der Zukunft anzupassen. Diese Aufgabe stellt vor allem durch die starke Zunahme des Radverkehrs durch Pedelecs und E-Bikes und der dadurch steigenden Geschwindigkeit eine weitere Herausforderung dar. Diese Punkte sorgen dafür, dass einige deutsche Städte, auch finanziert durch Fördermittel seitens der Regierung, ihr Radwegenetz ausbauen und so die nötige Infrastruktur bereitstellen. Weitere Aufgaben in puncto Verkehrssicherheit sind die Bereitstellung sicherer Schulwege und die Gewährleistung der Barrierefreiheit im städtischen Bereich, sodass sich sowohl Bürger der älteren Generation als auch Menschen mit Beeinträchtigungen ungehindert im öffentlichen Raum bewegen und Mobilitätsangebote nutzen können. Abgesenkte Bürgersteige an Knotenpunkten, barrierefreier Einstieg an Haltestellen, Rolltreppen oder Aufzügen in der Innenstadt und ausreichend lange Ampelschaltungen erleichtern allen Bürgern das Vorankommen im Stadtgebiet und tragen so zur Steigerung der Lebensqualität der Stadtbewohner bei. Erste Schritte in Richtung gesteigerter Verkehrssicherheit sind die Optimierung der Verkehrszeichen und Straßenmarkierungen, der Aufbau einer intelligenten Verkehrsführung und der Ausbau der öffentlichen Verkehrsmittel. An der Umsetzung dieser Anforderungen an die Verkehrssicherheit sind viele öffentliche und private Institutionen beteiligt, mit denen Abstimmungen und Entscheidungen getroffen werden müssen. Durch die Nutzung der bereitgestellten Bilder können diese Abstimmungen und Entscheidungen vom Schreibtisch aus, wo immer dieser in der heutigen Zeit stehen mag, getroffen bzw. vorbereitet werden. Durch den Wegfall der Reisezeiten können die Aufgaben effizienter bearbeitet werden. Zusätzlich wird ein Beitrag zum Klimaschutz geleistet.

3   Smart, mobil und grün

Eine Smart City ist nicht nur eine mobile Stadt, sondern auch eine Stadt, die das urbane Klima optimiert. Auf dem Weg zu mehr Mobilität in der Stadt sind also auch die Vorgaben aus dem Klimaschutz zu berücksichtigen, wie beispielsweise die Senkung der Treibhausgasemissionen. Da die kommunale und regionale Verkehrswegeplanung das Mobilitätsverhalten der Menschen beeinflusst, haben Entscheidungen der kommunalen Ebene einen großen Einfluss darauf, ob die Klimaschutzziele insgesamt erreicht werden (Bundesministerium für Umwelt, Naturschutz und nukleare Sicherheit (BMU), 2018). Verkehrsberuhigte Bereiche, die Förderung von E-Mobilität, Ausbau von Fuß- und Radwegen, Reduzierung des Versiegelungsgrades, Begrünung von Straßen oder Gebäudefassaden und das Pflanzen von Bäumen sind Maßnahmen, die das Stadtklima fördern und die Stadt nachhaltiger gestalten.

In Deutschland sind bereits 92 % der smartesten Städte in diesen Bereichen aktiv. Der digitale Zwilling unterstützt die Städte aktiv bei der Planung umweltbewusster, sicherer und zeitgemäßer Verkehrskonzepte und stellt die ämterübergreifende digitale Planungsgrundlage für die Stadtverwaltungen dar.

4   3D-Panoramabilder als Basis des digitalen Zwillings

Der Begriff des digitalen Zwillings ist schwer zu definieren, da er in vielen Geschäftsfeldern genutzt wird. Cyclomedia definiert den digitalen Zwilling als virtuelles Abbild von Elementen, die einen Verdichtungsraum kennzeichnen und gliedern, und der die Basis für eine innovative Stadtplanung der Zukunft bildet. Flächendeckende, lagegenaue, aktuelle und dreidimensionale 360°-Aufnahmen des Stadtgebietes liefern eine digitale Bestandsaufnahme des öffentlichen Straßenraums. Während einer systematischen Befahrung des städtischen Straßennetzes durch speziell ausgestattete Fahrzeuge werden hochauflösende, georeferenzierte Panoramabilder der Umgebung generiert. Parallel dazu wird der öffentliche Straßenraum kontinuierlich mit einem Laserscanner aufgenommen. Diese Daten bilden den digitalen Zwilling einer Stadt, der das Fundament der oben genannten Konzepte, aber auch weiterer Projekte auf dem Weg zu einer Smart City dient.

Abbildung 2: Aufnahmefahrzeug von Cyclomedia inklusive des patentierten Erfassungssystems

In den vergangenen Jahren wurden die Lösungen von Cyclomedia kontinuierlich weiterentwickelt und an die Bedürfnisse der Kunden angepasst. Mittlerweile werden sie als wichtiges Werkzeug genutzt bei der Entwicklung einer Stadt zu einer Smart City mittels automatisierter Objekterkennung, da basierend auf diesen hochauflösenden und georeferenzierten 3D-Panoramabildern verschiedene Objektinformationen extrahiert, dokumentiert und analysiert werden können.

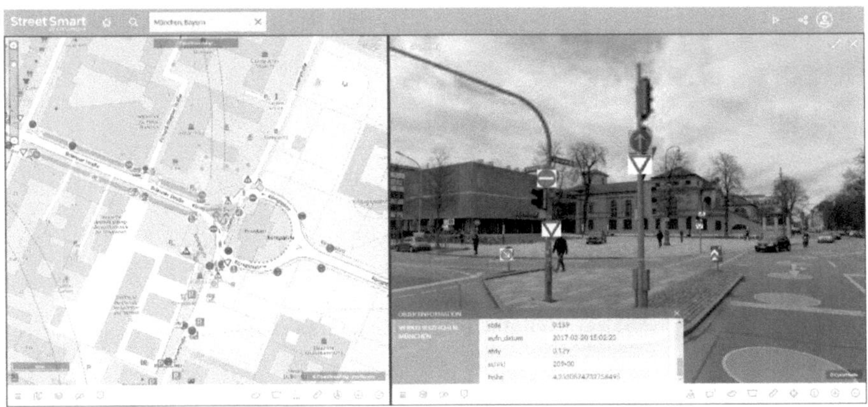

Abbildung 3: Screenshot aus der Software „Street Smart", auf dem die Ergebnisse einer Verkehrszeicheninventarisierung zu sehen sind

Namhafte deutsche Großstädte haben sich bereits für den Einsatz dieser digitalen Bildlösungen entschieden. In den ersten Jahren standen Themen wie die Visualisierung der Vor-Ort-Gegebenheiten oder das Messen von räumlichen Strukturen in der Nutzung der Panoramabilder im Vordergrund. Dies ändert sich aktuell in Richtung einer einheitlichen Erfassung homogener, räumlicher Objekte, mit dem Ziel, digitale Fachkataster aufzubauen. Diese Kataster können auf Basis des Bildmaterials und der Laserpunktwolke durch Nutzung von künstlicher Intelligenz flächendeckend erstellt werden. Dazu zählen Verkehrszeichenkataster, Straßenbeleuchtungskataster, Inventarisierungen der Straßenmarkierungen, Straßenzustandsanalyse und die digitale Realflächenkartierung, die die öffentlichen Flächen nicht nur nach ihren Oberflächen klassifiziert, sondern auch nach ihrer Nutzungsart. Sie dient somit als ideale Datengrundlage, um den Versiegelungsgrad und den Anteil der Grünflächen zu bestimmen oder aber auch, um das Verhältnis der öffentlichen Flächen festzustellen, die für den motorisierten Individualverkehr oder für Fußgänger und Fahrradfahrer zur Verfügung gestellt werden.

Viele der oben angedeuteten Fragestellungen können durch die Nutzung des digitalen Zwillings direkt vom Schreibtisch aus beantwortet werden. Vor-Ort-Termine werden auf ein Minimum gesenkt, was zu einer Reduzierung von Kosten und einer Effizienzsteigerung führt.

Abbildung 4: Screenshot der digitalen Realflächenkartierung

5 Zusammenfassung und Ausblick

Smart Cities sind Städte, die den Bürger in den Mittelpunkt der digitalen Agenda stellen. Damit Deutschlands Städte noch smarter werden, müssen Voraussetzungen geschaffen werden, die alle Mitglieder der Bevölkerung inkludieren und die Einhaltung der Klimaschutzziele nicht außer Acht lassen. Eine der wichtigsten Herausforderungen, die es zu bewältigen gilt, ist die Schaffung von mehr Mobilität. Diese Anstrengungen setzen ein Mindestmaß an digitalen Strukturen in den öffentlichen Verwaltungen voraus, das durch innovative Kooperationen effizient erreicht werden kann. Mit dem digitalen Zwilling gibt Cyclomedia den Städten eine digitale Planungsgrundlage an die Hand für einen ersten und nachhaltigen Schritt in Richtung „smart".

Abbildung 5: 3D-Panoramabild aus Frankfurt am Main

Literatur

BMU, Referat IK III 3.: Masterplan-Kommunen: Vorbilder für den Klimaschutz, Beispiele aus 19 Städten, Gemeinden und Landkreisen, Bundesministerium für Umwelt, Naturschutz und nukleare Sicherheit (BMU), 2018 (https://www.bmu.de/fileadmin/Daten_BMU/Pools/Broschueren/masterplan-kommunen_bf.pdf).

Becker, T., Kirbeci, M., Reindl, T. (2019): „Die Mobilität der Zukunft in der Stadt von morgen", Smart Mobility – eine Bestandsaufnahme deutscher Pilotprojekte, Horváth & Partners Management Consultants, (file:///D:/Users/JKoch/Downloads/WP_Smart%20City_web_g.pdf).

Xu, L., Eiza, M.H., Cao, Y. (2020): Toward Sustainable And Economic Smart Mobility: Shaping The Future Of Smart Cities, World Scientific Publishing Company, (https://www.google.de/books/edition/Toward_Sustainable_And_Economic_Smart_Mo/FGjvDwAAQBAJ?hl=de&gbpv=0).

Aus Sensordaten werden Erkenntnisse –
Von Sensordatenauswertungen und -absicherung

Uwe Jasnoch, Johannes Schöniger

Hexagon, Fujitsu
uwe.jasnoch@hexagon.com, johannes.schoeniger@fujitsu.com

Abstract. Sensoren sind in unserer heutigen Welt nicht mehr weg-zudenken. Die gelieferten Werte müssen aber in den richtigen räumlichen und zeitlichen Kontext gesetzt werden, um aus den Sensordaten auch Informationen abzuleiten. Die Fallstudie Mikromobilität zeigt verschiedene Aspekte der Auswertung auf. Die Verlässlichkeit der Sensorwerte ist eine Notwendigkeit, weil ansonsten jede Schlussfolgerung oder Handlung der tatsächlichen Situation unangemessen ist. Eine Absicherung der Werte ist daher notwendig.

1 Einleitung

Sensoren sind in vielfältiger Form sichtbare und unsichtbare Begleiter unseres Lebens geworden. Messbare Eigenschaften werden erfasst, aufgezeichnet und in einem sogenannten Data Lake (Wikipedia: Data Lake) als Basis für die unterschiedlichsten Formen der Auswertung gespeichert. Eine zusätzliche Motivation für die inhaltliche Nutzung von Sensordaten hat neben den verschiedenen Smart-City-Konzepten (Fazio et al., 2012) der Aufbau von Digitalen Zwillingen (Wikipedia: Digitaler Zwilling) erfahren. Ohne die Integration von Sensorinformationen bleiben Digitale Zwillinge statisch, die Analysen sind entsprechend statisch und der Nutzungsgrad ist damit eingeschränkt.

Im nächsten Kapitel wird der prinzipielle Aufbau einer Umgebung beschrieben, die in der Lage ist, Sensorwerte zu erfassen, zu verarbeiten und zu präsentieren. Am Beispiel von Mobilität wird dieser prinzipielle Architektur-Ansatz in einer konkreten Lösung gezeigt. Anschließend wird die Fragestellung von vertrauenswürdigen Sensordaten behandelt. Abschließend erfolgt die Zusammenstellung der wichtigsten Erkenntnisse.

2   Prinzipieller architektonischer Aufbau

Für die Einbindung von Sensorwerten, deren Auswertung und Überwachung wird auf eine Mehrschichten-Architektur zurückgegriffen. Da Sensorwerte auch Basis von zeitkritischen Entscheidungsprozessen sind, ist das zugrundeliegende Architekturprinzip „event driven" (im Gegensatz zu datenzentrisch).

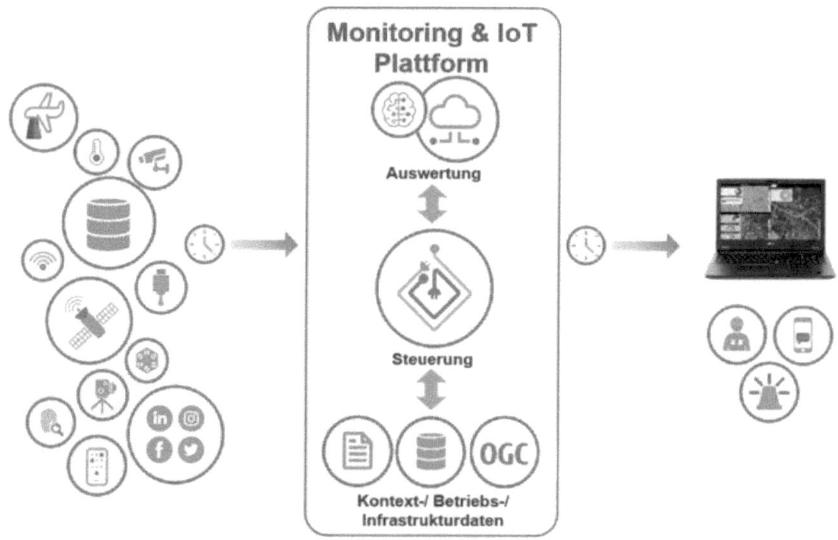

Abbildung 1: Prinzipielle Architektur der Lösung

In Abbildung 1 sind auf der linken Seite mögliche Sensortypen aufgelistet, die ihre Werte in die Lösung einspeisen können. Zur Vereinfachung werden auch Datenbanken oder REST-Schnittstellen wie ein Sensor behandelt. In der Mitte der Abbildung befindet sich die Monitoring- und IoT-Plattform. Die Steuerung nimmt den Sensorwert entgegen, prozessiert das Datagramm und veranlasst verschiedene Aktivitäten basierend auf den zuvor definierten Regeln. Dies kann das Speichern von Werten sein, die dedizierte Analyse von Werten (und Wertepaaren), aber auch das Senden eines Alarms, wenn ein Sensorwert eine Werteschwelle über- bzw. unterschreitet. Auf der rechten Seite der Abbildung befinden sich die Benutzungsoberfläche sowie unterschiedliche Endgeräte.

Im nachfolgenden Kapitel wird die linke Seite der Sensoren konstituiert aus den unterschiedlichen Schnittstellen der Mobilitätsanbieter.

3   Mobilität als Teil eines digitalen Zwillings

Ein Teilaspekt eines digitalen Zwillings für eine Smart City ist die Analyse von Mikromobilitätsdaten im Bereich der sogenannten Dockless-Shared-Mobility (Brown et al., 2021). Im Rahmen eines Vorhabens mit der Landeshauptstadt München wurde unter Nutzung der vorgestellten Architektur eine Lösung konfiguriert, die das Mobilitätsverhalten von ausleihbaren E-Kickrollern und Fahrrädern kontinuierlich monitort und analysiert. Die damit gewonnenen Erkenntnisse bilden die profunde Basis für die Entwicklung moderner, nachhaltiger und CO_2-minimierter Verkehrskonzepte. Die unterschiedlichen Sensoren der Shared-Mobility-Fahrzeuge werden hierfür entsprechend ausgelesen und aufbereitet.

In die Auswertung kommen Aktivierungs- und Deaktivierungspunkte, also die Standorte des Ausbringens neuer Fahrzeuge vonseiten der Anbieter sowie der Start- bzw. Endpunkt von Leihvorgängen der Nutzer – wie Abbildung 2 zeigt.

Abbildung 2: Ansicht der Aktivierungspunkte in München

Auf diese Weise lassen sich u. a. entsprechende räumliche Cluster der Nutzung identifizieren. Aber auch Batteriestände (im Falle von Elektrounterstützung) oder der allgemeine Betriebszustand sind von Interesse, wenn die aktuelle Verfügbarkeit betrachtet wird. Weiterhin wird auch das regelkonforme Abstellen von Leihfahrzeugen in die Betrachtung mit einbezogen.

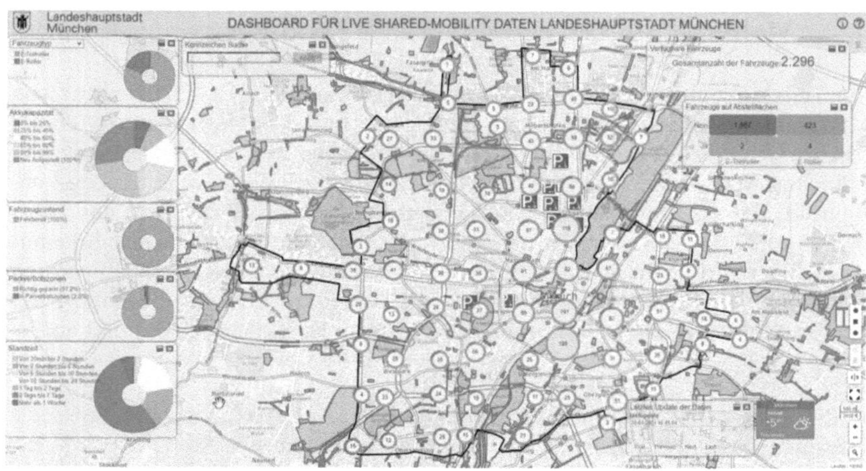

Abbildung 3: Ansicht der aktuell verfügbaren Fahrzeuge

Angereichert um weitere Informationen, wie die des öffentlichen Personennahverkehrs, lassen sich Verhaltensmuster und Hotspots über den zeitlichen Verlauf erkennen oder lässt sich mit möglichen Mythen der Kannibalisierung der Verkehrsträger aufräumen. Auch ansprechende Verkehrsmengendarstellungen zur Analyse von Nutzungsgewohnheiten helfen, diesen Individualverkehr sicherer zu gestalten, und dienen den Verkehrsplanern als wichtige Informationsquelle für die Erstellung und Umsetzung von Verkehrskonzepten (z. B. Ausweisung bzw. Einrichtung von Fahrradwegen).

Wie so oft haben diese neuen Verkehrsträger nicht nur positive Elemente, sondern führen meist durch Unachtsamkeit zu Ärgernissen bei den Anwohnern oder Verkehrsteilnehmern wie Fußgängern, Radfahrern etc. Ganz oben auf dieser Liste stehen falsch geparkte Fahrzeuge, die zum Beispiel den Gehweg blockieren und in der öffentlichen Verwaltung letztlich zu Beschwerden führen. Unterstützung im Beschwerdemanagement, Standardisierung und Automatisierung von Prozessen sind hier Schlüsselaspekte der Lösung.

Im Bereich Geofencing von Parkverbotszonen werden beim sogenannten Curbeside-Management nicht nur die permanenten Zonen betrachtet, sondern auch die Definition und Verteilung von temporären Zonen (z. B. wegen eines Festivals). Auch dies ist ein Bestandteil der Lösung.

4   Vertrauensvolle Sensoren

Mit der Zunahme von unterschiedlichen Sensoren rückt auch die Verlässlichkeit der Werte dieser Sensoren zunehmend in den Fokus des Interesses. Im Kontext von Cyber-Sicherheit – gerade in offenen Netzwerken – ist meist die Entdeckung der Kompromittierung im Fokus (Roopak et al., 2019)[5]. In diesem Paper wird ein anderer Ansatz vorgestellt, der davon ausgeht, dass es effizienter ist, sich zuerst um die Verlässlichkeit der Werte zu kümmern als um die Entdeckung der Kompromittierung (was natürlich auch von Bedeutung ist). Die Entdeckung ist immer mit einer gewissen Latenz verbunden, die in kritischen Situationen dazu führen kann, dass bereits falsche Entscheidungen getroffen werden. Die Daten der Sensoren liefern die Basis für die Entscheidungen; daher sollten die Werte im Rahmen der eingesetzten Messtechnologie auf jeden Fall „richtig" sein, um zu der „richtigen" Entscheidung zu führen. Aber gerade bei der Nutzung von öffentlichen Kommunikationsinfrastrukturen (Stichwort städtisches öffentliches WiFi) entstehen potenzielle Angriffspunkte, die zur Verfälschung (im weitesten Sinne) von den Daten genutzt werden können und damit letztendlich zu falschen Entscheidungen führen („Man-in-the-middle-attack").

In Konsequenz: Entscheidungen müssen auf Basis von vertrauenswürdigen Daten von Sensoren getroffen werden. Dieses gilt insbesondere für kritische Infrastrukturen, die mit vielfältigen Sensoren ausgestattet sind. Hierfür wurde die prinzipielle Plattform-Architektur weiterentwickelt, um auf der Basis von Blockchain-Technologie (s. Abbildung 4) sowohl ein einfaches als auch ein komplexeres Vertrauensverhältnis von Sensordaten und Entscheidungsstellen herzustellen. Mittels der Integration der Blockchain-Technologie wird sichergestellt, dass die Basis der Entscheidung der tatsächliche Wert eines Sensors ist.

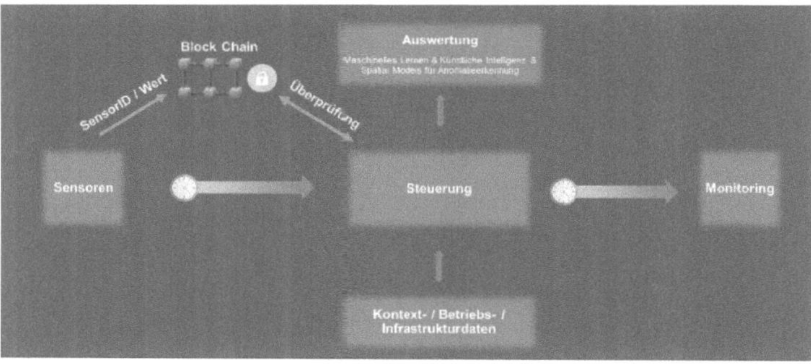

Abbildung 4: Erweiterung der Lösungsarchitektur um Blockchain-Technologie

5   Zusammenfassung der Erkenntnisse

Im vorliegenden Papier wurde die Architektur einer Lösung vorgestellt, die unterschiedliche Sensorquellen lesen kann, die Werte nach konfigurierten Regeln verarbeitet, verschiedene Aktionen auslösen kann und dem Nutzer in einem räumlichen und zeitlichen Zusammenhang präsentiert. Die Fähigkeit unterschiedlicher Auswertungen wurde am Beispiel der Mikromobilität aufgezeigt. Verschiedene Visualisierungen und Dashboards unterstützen bei der Analyse der Daten und lassen Verhaltensmuster der Mikromobilität erkennen, um diese zukünftig zu steuern. Diese Fähigkeiten wurden auch in zahlreichen anderen Beispielen bestätigt.

Zukünftig wird auf die Richtigkeit der Entscheidungsbasis Augenmerk gelegt werden, da immer mehr der Sensoren aus Kosten- und Kapazitätsgründen teilweise über öffentliche Netzwerke kommunizieren müssen. Dieses Papier schlägt hierfür den Einsatz von Blockchain-Technologie vor, um damit ein Vertrauensverhältnis zwischen Sensor und Entscheider zu etablieren. Diese gewählte Technologie ist als Erweiterung in die bisher genutzte Architektur integriert. Damit wurde gezeigt, dass diese Architektur so gestaltet wurde, dass sie auch zukünftige Herausforderungen, sei es von der Aufgabenstellung, von der zu verarbeitenden Datenmenge bzw. Sensoranzahl als auch technologischen Innovationen berücksichtigen und integrieren kann.

Literatur

Wikipedia: Data Lake, https://de.wikipedia.org/wiki/Data_Lake, 2021.

Fazio, M., Paone, A. Pufliafito, M. Villari (2012): Heterogeneous Sensors Become Homogeneous Things in Smart Cities, Proceedings 6th International conference on innovative mobile and internet services in ubiquitous computing, 2012.

Wikipedia: Digitaler Zwilling, https://de.wikipedia.org/wiki/Digitaler_Zwilling, 2021.

Brown, K., Kaji, D., Kaplan, H. (2021): Utilizing E-Scooters to Reduce Carbon Emissions Attributable to the Transportation Sector in Santa Monica, https://escholarship.org/uc/item/6w50j8w0, 2021.

Roopak, M., Tian, G.Y., Chambers, T. (2019): Deep Learning Models for Cyber Security in IoT Networks, 9th IEEE Annual Computing and Communication Workshop and Conference 2019.

Hochauflösende Karten für Hamburg –
Datengrundlagen für das autonome und automatisierte Fahren

Jörg Schulz, Tobias Fronk, Dorothee Weniger

Landesbetrieb Geoinformation und Vermessung (LGV), Neuenfelder Straße 19, 21109 Hamburg
dorothee.weniger@gv.hamburg.de; tobias.fronk@gv.hamburg.de; jo-erg.schulz@gv.hamburg.de

Abstract. Autonomes Fahren, automatisiertes und vernetztes Fahren sind Themen, die die Zukunft des Verkehrs gestalten und prägen werden. Die technologischen Entwicklungen schreiten voran, und rechtliche Rahmenbedingungen werden Schritt für Schritt geschaffen. Doch wie sieht es mit den zugrundeliegenden Daten aus? Wer erstellt sie in welcher Form? Welche Rolle haben Kommunen und Länder in diesem Themenbereich, bzw. welche können sie einnehmen? Mit diesen Fragen setzt sich der LGV als Dienstleister für die Bereitstellung und Pflege von Geodaten der Freien und Hansestadt Hamburg (FHH) auseinander, und zwar konkret mit der Erstellung einer HD-Karte für das Projekt HEAT (Hamburg Electric Autonomous Transportation). Außerdem bewegt er auch grundsätzliche Fragen zu den zukünftigen Möglichkeiten und Herausforderungen, die einer Kommune in diesem Kontext begegnen. Ziel dieses Artikels ist es, einen Beitrag zur Diskussion über mögliche Rollen von Kommunen in diesem Themenbereich zu leisten und Potenziale und Möglichkeiten, aber auch Herausforderungen anzusprechen, die aus Sicht eines kommunalen Datendienstleisters bestehen.

1   Einleitung

Der Fachbereich Verkehrsdaten des LGV in Hamburg wurde mit diesem Thema im Jahr 2018 beauftragt. Anlass war die Erstellung einer hochauflösenden Kartengrundlage (High Definition- bzw. HD-Karte) für das Projekt HEAT, das unter Leitung der Hamburger Hochbahn AG bis zum ITS-Weltkongress im Oktober 2021 durchgeführt wird. Zum einen wird in diesem Projekt ein in den ÖPNV integriertes, autonom fahrendes Shuttle auf die Akzeptanz in der Bevölkerung hin untersucht. Zum anderen ist die Erprobung und Beobachtung des Zusammenspiels zwischen den technischen Komponenten von smarter Infrastruktur und Shuttle ein erklärtes Ziel.

In diesem Beitrag soll es aber um die Frage der Daten für das autonome bzw. automatisierte Fahren gehen. Im Rahmen des Projektes konnte der LGV Synergien von amtlichen Geodaten und externer Expertise bei der Kartenerstellung nutzen. Zunächst soll in wenigen Sätzen versucht werden, eine HD-Karte zu definieren. Letztendlich geht es um Daten, die einem Fahrzeug helfen, drei digitale Informationen auszuwerten und das Fahrverhalten daraufhin anzupassen:

1.   Wo bin ich?
2.   Was ist um mich herum?
3.   Was kann ich hier tun?

Die Informationen einer HD-Karte – gepaart mit weiteren Sensoren wie Radar, Lidar und Kameras – bilden die Grundlage dafür, dass sich Fahrzeuge sicher und effizient durch den Verkehr bewegen. Die Inhalte einer Karte beschränken sich folglich nicht nur auf hochgenaue Geometrien, vielmehr steckt die Besonderheit in der komplexen semantischen Struktur der Karte: Sie muss dem Fahrzeug die Regeln der Straßenverkehrsordnung vermitteln.

Skizzieren wir einmal den gedanklichen Rahmen, in dem wir uns hier befinden. Auf der einen Seite stellt eine HD-Karte inhaltliche Anforderungen, die im Prinzip eine ständige Live-Überwachung der städtischen Straßen und Infrastruktur und ein sofortiges Update der Daten bei Änderungen bedeuten. Eine HD-Karte zeichnet sich schließlich dadurch aus, dass sie nicht nur hochgenau, sondern auch hochaktuell ist. Zum anderen sollen diese Daten aber auch den Ansprüchen, wie wir sie an amtliche Geodaten richten, genügen. Daten also, die valide, verlässlich und verbindlich sind. Wer eine HD-Karte aktuell halten will, und das in einer brauchbaren Genauigkeit, der muss sich auch mit der Frage auseinandersetzen, wie dieser Aufwand am Ende gegengerechnet werden kann.

Vor dem Hintergrund zum Beispiel des Hamburger Transparenzgesetzes, oder Bezug nehmend auf den Artikel zur PSI-Richtlinie bzw. „hochwertigen Geodaten" im letztjährigen Tagungsband (Zscheile, 2020), stellt sich die große Frage, ob und wer mit Daten im Bereich des autonomen Fahrens etwas verdienen soll.

Sollen Daten auch dann offen zur Verfügung gestellt werden, wenn sie hochgenau vermessen und durch komplexe Attribute angereichert wurden? Klar ist, dass wir im Kontext von autonomem Fahren über gigantische Datenmengen reden, die benötigt, aber auch anfallen werden.

Inwieweit sind Geodaten als Teil der kommunalen Daseinsvorsorge zu betrachten und zu behandeln? Der Verkehrsraum ist ein öffentlicher Raum. Sind die Daten darüber somit öffentliche Daten (Dt. Städtetag, 2021)? Wie können Kommunen sich einbringen? Welche technischen und organisatorischen Strukturen sind Voraussetzung, wie können Kooperationen entstehen?

In diesem Artikel werden darauf keine abschließenden Antworten gegeben. Es soll vor allem darum gehen, wichtige Fragen aufzuwerfen und einen Diskurs anzuregen.

2 Umsetzung im HEAT-Projekt

Für das HEAT-Projekt wurde beschlossen, dass für die Karte das OpenDrive-Format zu nutzen ist. Der Datensatz geht über die befahrbare Fläche hinaus und bildet die Umgebung von Gebäudekante zu Gebäudekante ab. Alle Objekte/Landmarken in diesem Bereich sind Bestandteil der Karte und werden vom Shuttle zur Lokalisierung benutzt.

Eine Besonderheit ist, dass Informationen zu Radfahrern vom Shuttle benötigt werden und aus diesem Grund die Modellierung der Fahrradwege eine wichtige Rolle spielt. Ebenso werden detaillierte Informationen zu Lichtsignalanlagen aus sogenannten MAP/SPaT (Map: Karte; SPaT: Signal Phase and Timing)-Daten in die Karte eingebaut.

Zuletzt wird das Projekt dazu genutzt, um die Auswirkungen von temporären Objekten – wie etwa Umzugsschildern – auf das Fahrverhalten zu testen.

3 Chancen und Möglichkeiten

Als Geodatendienstleister mit jahrelanger Expertise in der Bereitstellung von amtlichen Geodaten hat der LGV das Thema HD-Karte als wichtiges, zukünftiges Handlungsfeld identifiziert.

Besonders im Kontext des autonomen Fahrens kommt der Verkehrssicherheit und Effizienz eine große Bedeutung bei. HD-Karten werden zukünftig einen Beitrag leisten, um den Verkehr für alle Verkehrsteilnehmer sicherer und komfortabler zu gestalten. Schon heute kann daran gearbeitet werden, mithilfe von genauen und aktuellen Geodaten Grundlagen dafür zu schaffen. Und dies ganz unabhängig davon, ob autonome Fahrzeuge auf den Straßen unterwegs sind. Das zeigt sich z. B. auch in der ITS-Strategie (ITS – Intelligente Transport Systeme) der FHH (Vgl. FHH, 2016). In diesem Zusammenhang wird auch deutlich, dass in der FHH ein ressortübergreifendes Interesse an dieser Thematik besteht, sodass der LGV hier in Zusammenarbeit mit dem Amt für Verkehr aktiv ist.

Der nächste Punkt ist die Datenhoheit. Bereits heute stellen (Geo-)Daten einen maßgeblichen Wert dar. Besitzt eine Stadt eine geeignete und professionell geführte Datenhaltung, so wirkt sich dies als Standortvorteil im Vergleich zu anderen Kommunen aus. Es lohnt sich also, darüber nachzudenken, in hochgenaue Datensätze zu investieren, da es sich auf lange Sicht auszahlen kann.

Nicht zu vernachlässigen sind die Möglichkeiten, die sich daraus ergeben, dass sich der gesamte Themenkomplex „Daten für das automatisierte und vernetzte Fahren" noch in der Entwicklung befindet. Daraus ergibt sich die Gelegenheit, aktiv z. B. an der Entwicklung von Standards teilzuhaben und sich einzubringen. Vor dem Hintergrund des ITS-Weltkongresses finden momentan sehr viele Aktivitäten in diesem Bereich statt.

Das Thema HD-Karte sollte nicht für sich allein betrachtet werden. Vielmehr ist es wichtig, die Verbindungen und Ergänzungen zu anderen, großen Entwicklungstrends bei Geodaten zu sehen. Das Thema „Digitaler Zwilling" ist häufig geläufiger als das der HD-Karte. Inhaltlich gibt es deutliche Überschneidungen, sodass die Themen zusammengedacht werden können. Eine HD-Karte versteht sich dann z. B. als digitaler Fachzwilling.

Es kommt darauf an, den weiteren Nutzen von hochgenauen Straßendaten mitzudenken und mit allen Beteiligten und Interessierten abzusprechen; Insellösungen sollten vermieden werden.

4   Herausforderungen und Risiken

Aus den bisherigen Arbeiten des LGV wurden auch Herausforderungen und Risiken deutlich, die für die zukünftige Gestaltung des Umgangs mit dem Themenfeld der hochauflösenden Daten zu berücksichtigen sind.

Ein Punkt bezieht sich auf die Ausgangsdaten einer HD-Karte. Dies geschieht in der Regel durch Befahrungsdaten mithilfe von Kamera- und Lidardaten, basierend auf Digitalen Orthophotos (DOP) und weiteren hilfreichen Daten.

Dabei stellt sich immer die Frage nach der Genauigkeit. Hier muss stets eine Balance zwischen Aufwand und Kosten bei der Datenerstellung und der sich daraus ergebenden Erhöhung der Sicherheit gefunden werden.

Wie können Daten möglichst automatisch verarbeitet und geprüft werden? Auch diese Frage wird in vielen Bereichen abseits von HD-Karten bereits diskutiert und stellt einen wesentlichen Einflussfaktor auf Datenerfassung und Datenaktualisierung dar.

Insbesondere die Datenaktualisierung innerhalb kürzester Zeit stellt bzgl. der möglichen und notwendigen Aktualität, des Bezugs von Änderungsinformationen und deren Bereitstellung eine weitere Herausforderung dar.

Eine andere Frage stellt sich bezüglich der Standardisierung einer HD-Karte. Dort bestehen bereits vielversprechende Ansätze, die jedoch nicht immer ohne (finanziellen) Aufwand einzusehen bzw. mitzugestalten sind.

Wie auch im aktuell diskutierten Gesetz für das autonome Fahren ist die Frage nach der Verantwortlichkeit anzusprechen. Sollte die HD-Karte durch fehlerhafte oder unzuverlässige Daten Ursache für Schäden sein, wird das Thema der Haftung von großer Bedeutung sein.

5 Zusammenfassung und Ausblick

Basierend auf den ersten Erfahrungen im Kontext des HEAT-Projektes in Hamburg konnte sich der LGV einen ersten Eindruck von diesem Themenfeld verschaffen. In Anbetracht der Chancen und Möglichkeiten wird sich der LGV weiterhin mit diesem Gebiet befassen und sich künftigen Herausforderungen stellen.

In Hamburg werden Konzepte zur Ausweitung über das erste Projekt hinaus erstellt. Die Umsetzung soll in verschiedenen Abstufungen sowohl inhaltlich als auch zeitlich gestaffelt erfolgen.

Dabei ist ein wesentlicher Erfolgsfaktor die übergreifende Vernetzung – sowohl innerhalb der FHH als auch darüber hinaus in deutschlandweiten und europaweiten Projekten und Initiativen.

Literatur

Deutscher Städtetag (Hrsg.): Die Stadt der Zukunft mit Daten gestalten. Souveräne Städte – nachhaltige Investitionen in Dateninfrastrukturen, 2021.

Freie und Hansestadt Hamburg: Strategie zur Weiterentwicklung und Umsetzung von Maßnahmen Intelligenter Transportsysteme (ITS) in Hamburg, 2016. its-strategie-fuer-hamburg.pdf.

Zscheile, F. (2020): PSI-Richtlinie ante portas – Geodaten als „hochwertige Datensätze"; in: Bill, R., Zehner, M. L. (Hrsg.) GeoForum MV 2020 – Geoinformation als Treibstoff der Zukunft, 2020.

Sensorik + Digital Twin

Sensorik für die Erfassung von Gebäuden, Ingenieurbauwerken und Liegenschaften

Stefan Liening, Frank Seidel

ARC-GREENLAB GmbH
Liening.stefan@arc-greenlab.de, seidel.frank@arc-greenlab.de

Abstract. In Zukunft werden von Gebäuden, Ingenieurbauwerken und Liegenschaften immer genauere digitale Informationen mit einer Vielzahl von Details benötigt. Wenn man den gesamten Lebenszyklus von Bauwerken betrachtet, wird schnell klar, dass der Entwurf und die Errichtung nur einen kleinen Teil davon ausmachen. Deshalb ist die Schaffung eines digitalen Zwillings vom Entwurfsprozess bis hin zum Betrieb ein nachhaltiger Ansatz und spart Kosten. Allein die Suche nach aktuellen Informationen oder die fehlende Interoperabilität von Daten verursachen jährlich hohe Kosten beim Gebäudebetrieb. Der Beitrag zeigt auf, welche Sensoren ARC-GREENLAB für die Aufnahme von Bauwerksdaten verwendet und welche Nutzungsszenarien sich daraus ergeben.

1 Einleitung

Terrestrische 3D-Laserscanner eignen sich für die Aufnahme von Gebäuden und Ingenieurbauwerken besonders gut. Im Unterschied zu Verfahren, die auf der Auswertung von Bildern basieren, ist das Laserscanning ein aktives Verfahren mit teilweise höheren Genauigkeiten. Unterschiede ergeben sich aber auch aus der Genauigkeit der Scanner selbst. Zusätzlich aufgenommene Bilder erweitern die Nutzungsmöglichkeiten der Daten.

Die Ergebnisse des BLK2GO und des RTC360 von Leica werden verglichen und ins Verhältnis zu Aufnahmen mit dem M6 Indoor Mobile Mapping System von NavVis gesetzt. An verschiedenen Beispielen wird dargestellt, wie aus den Daten mit Autodesk Revit 3D-Modelle oder aktualisierte Raumpläne entstehen und diese Ergebnisse mit anderen Geodaten zusammen mit ArcGIS Pro visualisiert werden können.

Abbildung 1: Laserscandaten eines Parkhauses am Flughafen BER werden im Geoinformationssystem visualisiert und weiterverarbeitet.

2 Datenaufnahme in Außen- und Innenbereichen

Da Bauwerke nicht im luftleeren Raum geplant und gebaut werden, wird gezeigt, welche Möglichkeiten und Genauigkeiten UAVs bieten, um Bauwerksdaten in Umgebungsmodelle zu integrieren. Zum Einsatz kommt die Drohne dafür beim Projekt Barrierefreiheit – Erfassung von Außenanlagen und Dachflächen, beauftragt von der Bundesanstalt für Immobilienaufgaben (BImA). Hierbei werden Punktwolken aus den Luftbildaufnahmen berechnet. Diese Punktwolken des Außen- und Dachbereichs dienen zusammen mit den BLK2GO-Scans des Gebäudeinneren als Grundlage für CAD-Planzeichnungen. Die Kombination der beiden Methoden ermöglicht eine hochpräzise Planzeichnung der Außen- und Innenbereiche der Liegenschaften. Verdeutlicht wird dies anhand einer Liegenschaft des THW in Cottbus.

3 Hohe Flexibilität dank Drohne

Darüber hinaus werden Luftbildaufnahmen für unwegsame oder gänzlich unzugängliche Bereiche aufgenommen, als Beispiel der Ausbau der DB-Fernbahnstrecke in Berlin Nordkreuz-Karow (NKK). Nach Fertigstellung der Fernbahngleise und Lärmschutzwände sollte hier die Bestandsdokumentation vorgenommen, aber der Zugbetrieb dabei nicht gestört werden. Ein Betreten der

Gleise war also nicht möglich. Aus diesem Grund wurde der Bauabschnitt mittels Drohne beflogen und aufgenommen.

Abbildung 2: Punktwolke als Ergebnis einer Drohnenbefliegung am Berliner Nordkreuz

4   Indoor-Navigation und mehr

Darüber hinaus lassen sich in Gebäuden mittels einfacher Sensoren auch Daten von WiFi-Netzen oder Bluetooth-Beacons aufnehmen. Mit diesen zusätzlichen Daten können in Zukunft in Kombination mit Gebäudemodellen Anwendungen zur Indoor-Navigation zum Asset-Tracking oder zur Analyse und Optimierung von Abläufen, Raumausnutzung und Personenverhalten in Gebäuden realisiert werden. Beispiele geben Anregungen für den Einsatz von derartigen Lösungen.

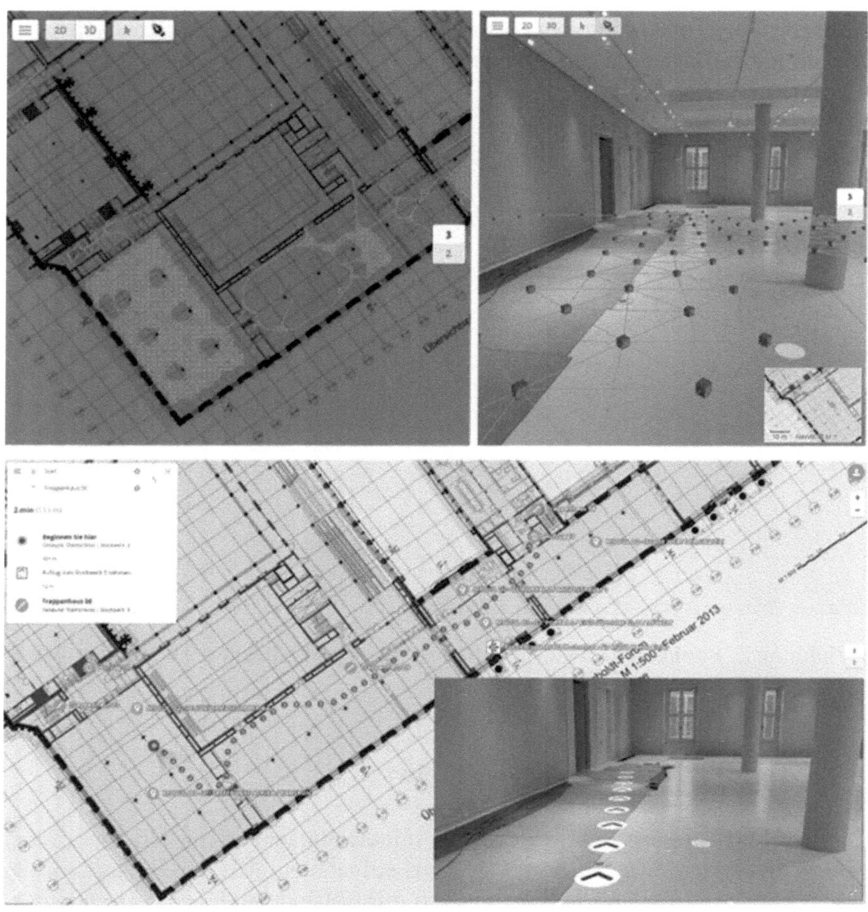

Abbildung 3: Beispiel für Indoor Mapping und Navigation im Berliner Humboldt Forum mit dem NavVis M6 System.

5   Zusammenfassung und Ausblick

Die Kombination der unterschiedlichen Methoden zur Datenaufnahme ermöglicht die Abbildung der Realität im gewünschten Detailgrad als sogenanntem digitalen Zwilling. Die Auswahl der Methoden und der angestrebte Detailgrad sind dabei immer abhängig von den jeweiligen Projektanforderungen. Diese digitalen Zwillinge bilden die Grundlage für durchgängige Prozesse über den gesamten Lebenszyklus von Bauwerken. Verschiedenste Sensoren stehen zur Verfügung und ermöglichen in Kombination mit geeigneten Softwarelösungen weit mehr als nur die Erstellung eines Modells zum Ansehen. So können mit neuen Technologien wie Drohnen und 3D-Scannern Messdaten zunehmend einfacher und schneller aufgenommen und weiterverarbeitet werden, und es ergeben sich Mehrwerte von der Planung über den Bau bis in den Betrieb von Bauwerken.

Konzeption und Implementierung einer WebGIS-Lösung für Sensordaten zur Überwachung der Gesundheit von Stadtbäumen

Jonas S. Wienken

Universität Rostock, Professur für Geodäsie und Geoinformatik,
Justus-von-Liebig-Weg 6, 18059 Rostock
jonas.wienken@uni-rostock.de

Abstract. Die Kontrolle und Überwachung der Gesundheit von Stadtbäumen stellt viele Kommunen vor eine schwer zu bewältigende Aufgabe. Um diese Herausforderung zu meistern, hat die argus electronics gmbh Sensoren entwickelt, mit deren Hilfe die Zustände der Bäume überwacht werden können. Für eine möglichst benutzerfreundliche Zugänglichkeit dieser Messdaten wurde hierfür eine WebGIS-Anwendung auf Basis von Leaflet entwickelt, durch welche die erhobenen Informationen visuell aufbereitet und dargestellt werden können. Das WebGIS wird komplettiert durch die JavaScript-Bibliothek Chart.js, um Messdaten in ansprechenden Diagrammen abzubilden.

1 Einleitung und Herausforderung

Die Kontrolle und Pflege des kommunalen Baumbestands stellt die meisten Kommunen vor eine nahezu unlösbare Aufgabe, da weder entsprechendes Personal noch das dafür notwendige Budget zur Verfügung stehen. So verfügt z. B. die Hanse- und Universitätsstadt Rostock auf einer Fläche von 18,136 ha (HRO 2021) über 71.503 Stadtbäume (Stand 21.05.2021 laut Baumkataster), die ständiger Kontrolle und Pflege bedürfen. Diese Zahl verdeutlicht schnell, dass dies die Möglichkeiten einer ausführlichen, manuellen und wirtschaftlich rentablen Überwachung deutlich übersteigt.

Dieser Herausforderung nimmt sich deshalb die argus electronics gmbh mit Sitz in Rostock an, die sich auf die Fertigung von Messtechnik- und Automatisierungslösungen für die Bereiche Baumsicherheitsdiagnose, physikalische Atmosphärenmesstechnik, Agrardosiertechnik und erneuerbare Energien spezialisiert hat (argus, 2020). Der Lösungsansatz der argus electronics gmbh nutzt im Boden vergrabene Sensoren, die Informationen hinsichtlich der Umgebung, des Bodens und des zu beobachtenden Baumes erfassen. Die durch diese Sensoren erhobenen Daten werden mithilfe von Narrowband Internet of Things (NB-IoT), innerhalb eines Low-Power-Wide-Area-Netzes (LPWA-Netz) auf LTE-Basis (3GPP 2020), und Message Queuing Telemetry Transport (MQTT), einem offenen Standard-Netzwerkprotokoll (MQTT 2020), an den Server übermittelt. Die Verwendung von NB-IoT und MQTT hat gerade für die Maschine-zu-Maschine-Kommunikation den großen Vorteil, bei tiefer Durchdringung dennoch einen geringen Energieverbrauch nachzuweisen, und ist deshalb optimal für Messeinheiten geeignet. Dieses System soll durch eine WebGIS-Lösung ergänzt werden, mit deren Hilfe die Kund:Innen einen möglichst benutzerfreundlichen Zugang zu den erhobenen Daten ihrer Sensoren erhalten.

2   Aufgabenstellung

Ziel des Projekts war die Konzeption und Implementierung einer WebGIS-Lösung zur Überwachung von Sensordaten hinsichtlich der Gesundheit von Stadtbäumen. Die Geo-Informationssystem(GIS)-Lösung soll den Open Geospatial Consortium (OGC)-Service Web Map Service (WMS) beinhalten und bei Bedarf um einen Web Feature Service (WFS) sowie einen Web Processing Service (WPS) erweitert werden können. Im Rahmen des WMS soll eine vorkonfigurierte Darstellung ausgewählter Ergebnisse präsentiert werden. Grundsätzlich soll das System über ein Ampelfarbensystem verfügen, das den gegenwärtigen Status der Messdaten und auch des Sensors selbst wiedergibt.

Besonderheiten der Datenbankstruktur

Wie zuvor erwähnt, übermitteln die Sensoren die erhobenen Informationen per NB-IoT und MQTT an die Datenbank, die eine eigens für diese Anwendung angepasste, nicht normalisierte Struktur hat. Im Gegensatz zu einer normalisierten Struktur, in der die Daten in großen Tabellen gesammelt und per Schlüssel zugeordnet werden können, werden hier die jeweiligen Datensätze direkt in einzelnen Tabellen geclustert (vgl. Abbildung 1).

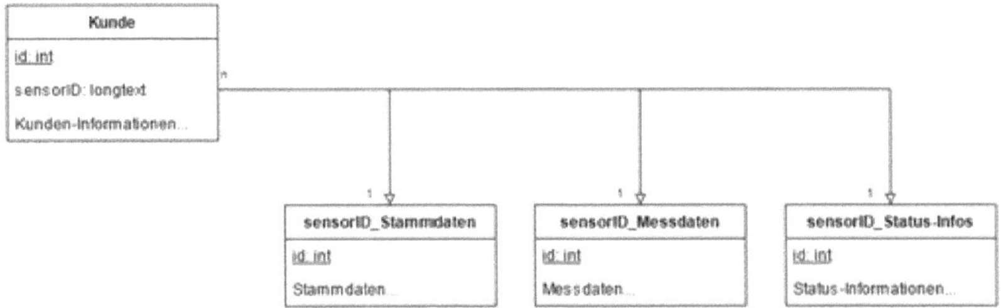

Abbildung 1: Schemenhafte Darstellung des Datenbank-Aufbaus (aus Gründen der Geheimhaltung stark vereinfacht)

Jede/rKund:In erhält eine eigene Tabelle (hier: Kunde) mit allen Sensoren des/der jeweiligen Kund:In. Wie in Abbildung 1 zu sehen ist, werden pro Sensor (hier: sensorID) drei Tabellen angelegt, die mit der jeweiligen sensorID beschriftet werden. Würde beispielsweise ein Sensor mit der sensorID sensor001 angelegt werden, resultiert dies in den Tabellen sensor001_Stammdaten, sensor001_Messdaten und sensor001_Status-Infos. Jede dieser Tabellen wird kontinuierlich mit den entsprechenden Daten des jeweiligen Sensors befüllt, so würde sensor001 in die drei sensor001-Tabellen und sensor002 in die drei entsprechenden sensor002-Tabellen schreiben. Die Sensoren erfassen stündlich aktuelle Parameter, die dann einmal täglich an die Datenbank übermittelt werden.

3   Umsetzung

Durch die zuvor beschriebene Struktur der Datenbank lassen sich viele der konventionellen Lösungen, wie beispielsweise Geoserver, allerdings nicht anwenden, da diese nicht ausreichend dynamisch die spezielle Datenbankstruktur abfragen können. Des Weiteren wurde auf Wunsch der argus electronics gmbh auf die Verwendung von JAVA verzichtet, was die Implementierung weiterer verbreiteter Lösungsansätze ausschloss. Aus diesen Gründen wurde ein eigener Service basierend auf PHP und JavaScript entworfen, um den Anforderungen gerecht zu werden. Für die Konzeption und Implementierung der WebGIS-Lösung wurden die folgenden zwei Hauptarbeitspakete definiert:

- WMS zur Darstellung der Sensoren und ausgewählter Ergebnisse
- Diagramme zur Darstellung der Messdatenverläufe der Sensoren

Eine stark vereinfachte Darstellung des Ablaufschemas ist in Abbildung 2 zu sehen:

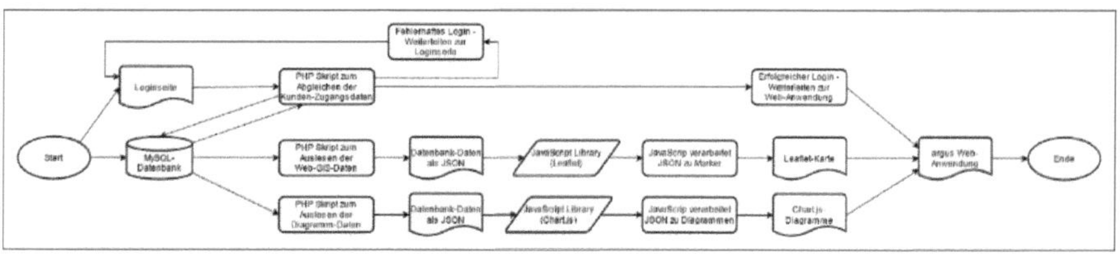

Abbildung 2: Ablaufschema für die Realisierung der argus Web-Anwendung

In Abbildung 2 werden lediglich die Kernbestandteile und -schritte dargestellt, um einen leserfreundlichen, schematischen Überblick über den Ablauf zu geben. Der Web-Anwendung ist eine Login-Seite vorgelagert, die mittels PHP-Skript die eingegebenen Zugangsdaten mit den Zugangsdaten der Datenbank abgleicht und anschließend den/die Kund:In entsprechend weiterleitet. Dadurch wird sichergestellt, dass jeder Nutzer nur Zugriff auf seine Daten bekommt. Die Daten, die durch die Sensoren via NB-IoT und MQTT an die Datenbank übermitteln wurden, werden zur Weiterverarbeitung im Rahmen der einzelnen Schritte mithilfe eines PHP-Skripts, das als eine Art Service fungiert, im Format JSON ausgegeben. Das PHP-Skript wird aufgrund der speziellen Datenbankstruktur benötigt, da konventionelle SQL-Statements in Verbindung mit dieser Struktur nicht ausreichend dynamisch und schnell verarbeitbar sind. Die daraus resultierenden JSON-Daten werden unter Verwendung weiterer Skriptsprachen (hier: JavaScript und jQuery) für die endgültige Ausgabe als Karte und Diagramm weiterverarbeitet. Abschließend werden alle Komponenten in der argus Web-Anwendung auf HTML-Basis zusammengeführt und den Kund:Innen zur Nutzung bereitgestellt.

3.1 Visualisieren der Daten als WMS

Die Visualisierung als Karte wird mittels Leaflet realisiert, einer freien, offenen JavaScript-Bibliothek zur Erstellung von interaktiven Karten unter Verwendung von HTML5 sowie CSS3 – daher kompatibel mit den meisten aktuellen Browsern (Agafonkin, 2021). Die Bibliothek ist als Version 1.7.1 eingebunden und bietet im Rahmen der BSD-Lizenz eine Vielzahl an Möglichkeiten im Einsatz. Die Verwendung bedarf lediglich einer Erwähnung in der Benutzeroberfläche zur Nutzung. Zusätzlich wird das freie Frontend-Framework Bootstrap in Version 4.5.3 integriert, um die finale Darstellung der Benutzeroberfläche zu erleichtern. Außerdem wird zur Integration von Symbolen und Icons das freie Symboltoolkit Font Awesome in Version 5.15.1 verlinkt. Als Hintergrundkarte kommt die freie Weltkarte OpenStreetMap (OSM) zum Einsatz. Diese kann im Rahmen der Open Database License ODbL 2.0 verwendet werden.

Um die Web-Anwendung benutzerfreundlicher und intuitiver zu gestalten, werden folgende ausgewählte Leaflet-Plugins verwendet, die sowohl frei zugänglich sind als auch kommerziell frei genutzt werden dürfen:

- Leaflet.Locate (MIT-Lizenz): Zum Tracken des Standorts via IP-Adresse
- Leaflet GeoSearch (MIT-Lizenz): Suchleiste zum Suchen von Orten und/oder Ländern
- Leaflet.StyledLayerControl (CC BY 3.0): Zum Aus- und Abwählen verschiedener Layer
- Leaflet.Awesome-Markers (MIT-Lizenz): Zum erleichterten Erstellen und Einfärben von Markern
- Leaflet.markercluster (MIT-Lizenz): Zum Clustern von Markern auf der Karte
- Leaflet.FeatureGroup.SubGroup (BSD-Lizenz): Erweiterung zu Leaflet.markercluster
- Leaflet-sidebar-v2 (MIT-Lizenz): Sidebar zum leichteren Strukturieren der Informationen

Die Kombination aus Leaflet.markercluster und Leaflet.FeatureGroup.SubGroup wird im Folgenden näher betrachtet, da dies ein essentielles Feature der Leaflet-Karte darstellt. Das Plugin Leaflet.markercluster erlaubt das Zusammenfassen (Clustern) von mehreren Markern in Abhängigkeit der Zoomstufe. Die Verwendung von Leaflet.markercluster fasst allerdings nur Marker desselben Layers zusammen. Marker weiterer Layer werden „ignoriert" und überlagern sich entsprechend gegenseitig. Das ist gerade für diese Anwendung ein Problem, da mehreren Layern, die unterschiedliche Informationen abbilden sollen, dieselben Koordinaten zugewiesen werden. So überlagern sich beispielsweise die Layer „Locations" (vgl. „i"-Symbol in Abbildung 3), „Battery Status" (vgl. Batterie-Symbol in Abbildung 3) und „Measurements" (vgl. Tropfen-Symbol in Abbildung 3) des Beispielsensors und machen die einzelnen Marker unzugänglich. Deshalb wird ergänzend das Plugin Leaflet.FeatureGroup.SubGroup hinzugefügt. Mithilfe dieses Plugins können den einzelnen zuvor beschriebenen Layern als Child-Layer einem übergeordneten Parent-Layer zugewiesen werden, wodurch Child-Layer innerhalb des Parent-Layers ebenfalls geclustert werden und dadurch alle Marker zugänglich werden:

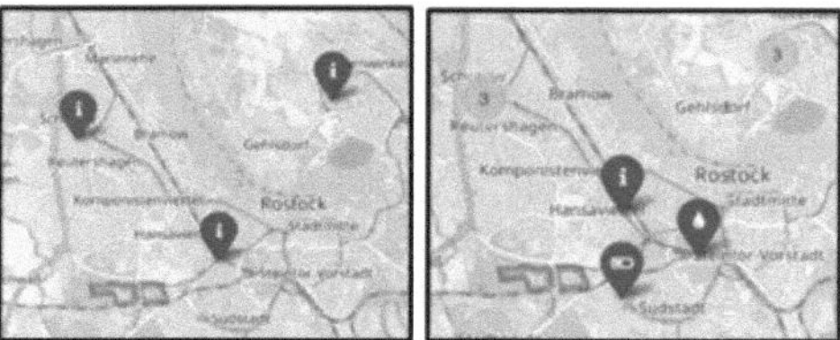

Abbildung 3: Darstellung der Marker ohne (links) und mit (rechts) dem Plugin Leaf-let.FeatureGroup.SubGroup

Unter Verwendung dieser Plugins konnte folgende Benutzeroberfläche für die argus Web-Anwendung erstellt werden:

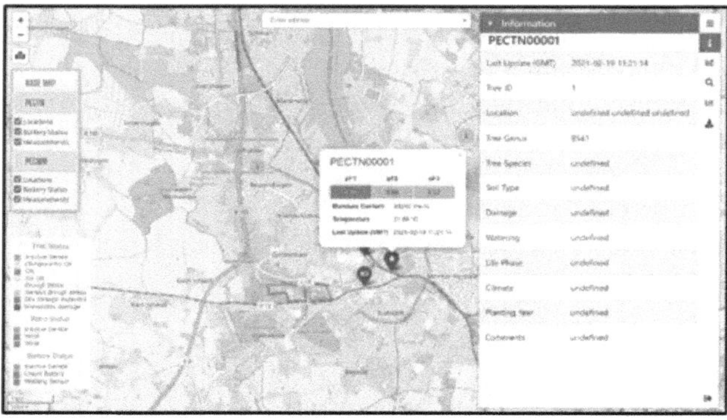

Abbildung 4: Benutzeroberfläche der argus-Web-Anwendung

Die Farbe des Textfelds richtet sich nach dem entsprechenden Messwert und kann mittels der Legende im unteren linken Eck der Karte interpretiert werden. Des Weiteren werden die Marker in Abhängigkeit des jeweiligen schlechtesten Wertes eingefärbt, um schnellstmöglich entsprechende Marker identifizieren zu können. Grau eingefärbte Marker, wie hier zu sehen, deuten auf Messwerte hin, die älter als zwei Tage sind und der Sensor somit entweder deaktiviert wurde oder auf eine Fehlfunktion hinweist.

3.2 Visualisieren der Daten als Diagramme

Die Diagramme dienen dazu, umfangreichere Einblicke in die gemessenen Daten zu ermöglichen und diese im zeitlichen Verlauf darstellen und einordnen zu können. Die Messwerte der Sensoren werden unter Verwendung des Diagramm-Werkzeugs Chart.js visualisiert. Chart.js ist, ähnlich wie Leaflet, eine freie, offene JavaScript-Bibliothek, die als Version 2.9.4 integriert wird und unter Einhaltung der MIT-Lizenz verwendet werden kann. Mithilfe dieser Bibliothek können sämtliche geläufige Diagrammtypen erzeugt und mittels einer Vielzahl an Optionen flexibel konfiguriert werden.

Der bevorzugte Diagrammtyp, um die einzelnen Werte darzustellen, ist das Liniendiagramm, da dadurch auf leicht verständliche Art und Weise die jeweiligen Messwerte in Abhängigkeit der Zeit abgebildet werden können. Jedes dieser Diagramme soll zum einen per Dropdown sowie zum anderen per Marker-Klick in der Karte ansteuerbar sein. Dadurch wird das Diagramm mit den Daten des entsprechenden Sensors aktualisiert. Für jedes dieser Diagramme werden zwei Darstellungsvarianten erzeugt. Die eine zeigt die Messwerte der vergangenen 30 Tage und wird in die Sidebar implementiert. Die zweite zeigt alle bisher erhobenen Messwerte in einem extra Dialogfenster. Außerdem ist das detailliertere Diagramm im Dialogfenster um das Chart.js Plugin chartjs-plugin-zoom ergänzt, mit dessen Hilfe ein Zoomen (Vergrößern) und Pannen (Verschieben) des Diagrammausschnitts ermöglicht wird, um die im Diagramm befindlichen Informationen besser zugänglich zu machen.

Die in den Diagrammen darzustellenden Werte werden, wie bereits für die Leaflet-Karte, per PHP-Skript im Format JSON aus der Datenbank ausgelesen und per JavaScript visualisiert. Die JavaScript-Dateien der Diagramme folgen alle dem gleichen Schema:

1. Vorbereiten der Daten
   a. Laden der JSON-Informationen durch PHP-Skripte
   b. Zuweisen der einzelnen Messwerte zu den jeweiligen Sensoren
   c. Festlegen der Datensatz-Eigenschaften
2. Erstellen des Diagramms
   a. Auslesen des Sensors aus dem Dropdown
   b. Einlesen der entsprechenden Datensätze
   c. Festlegen der Achsen

Die größte Herausforderung an der Erstellung der JavaScript-Dateien war der dynamische Ansatz, der notwendig ist, um eine ganzheitliche, leicht anzupassende Lösung über alle Diagramme hinweg präsentieren zu können. Im Rahmen des dynamischen Lösungsansatzes werden die Strings, die durch das PHP-Skript als ein einzelnes Array ausgegeben werden, aufgeteilt und müssen den einzelnen Sensor-IDs zugewiesen werden. Hierfür werden mehrere, ineinandergreifende Schleifen und Funktionen verwendet, um die entsprechenden sensorbezogenen Datensatz-Arrays zu befüllen. In die jeweiligen Sensor-Arrays werden ihre Messwerte in Abhängigkeit des UNIX-Zeitstempels in Millisekunden als Punkt geschrieben. Diese Punkte mit x-Koordinaten (Zeitstempel) und y-Koordinaten (Messwerte) ermöglichen eine optimale Darstellung in den Diagrammen. Durch die Konsistenz in der Datenaufbereitung lassen sich außerdem die einzelnen Datensätze leichter miteinander vergleichen.

Das aus der JavaScript-Vorlage resultierende „Standard-Diagramm" wird abschließend, wie im nachfolgenden Bild zu sehen, gerendert:

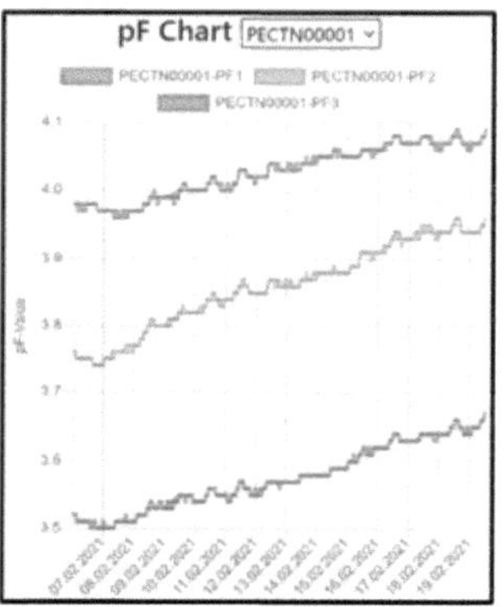

Abbildung 5: Gerendertes „Standard-Diagramm" basierend auf dem dynamischen Ja-vaScript-Ansatz

Zur übersichtlicheren Darstellung wird auf die internen Optionen der Chart.js-Bibliothek- zurückgegriffen. Zum einen ermöglicht Chart.js es, durch An- und Abwählen der Liniennamen in der Legende die entsprechenden Diagrammlinien ein- und auszublenden. Zum anderen wird die Transparenz der Datenpunkte bei einem Hover-Event auf Null gesetzt. Dadurch sind diese deutlich besser voneinander abzugrenzen.

4   Zusammenfassung und Ausblick

Aktuell befindet sich die Web-Anwendung noch in der Testphase und soll zeitnah live geschaltet werden, um den Kund:Innen einen angenehmen Zugang zu den erhobenen Daten der Sensoren zu ermöglichen. Der WMS wird außerdem durch eine mobile Smartphone-Applikation komplettiert, die die Sensoren bei Inbetriebnahme benutzerfreundlich in die Datenbank einpflegen und die entsprechenden Daten mobil tabellarisch jederzeit abfragen lässt.

Die bestehende WMS-Lösung kann bei Bedarf ergänzt werden. Mithilfe eines WFS könnten die Daten der Kund:Innen im lokalen GIS integrierbar sein, um offline nutzerspezifische Analysen durchführen zu können. Für die Integration eines WPS-ähnlichen Services bietet sich beispielsweise das Plugin Leaflet.draw an, mit dessen Hilfe der WMS um eine Werkzeugleiste ergänzt werden könnte, um grundlegende geometrische Formen, wie Polygone, Kreise oder Rechtecke, selbst zu zeichnen. Anschließend wären basierend auf diesen geometrischen Formen weitere Online-Analysen denkbar.

Danksagung

Besonderer Dank gilt Herrn Prof. Dr.-Ing. Ralf Bill, der es mir ermöglichte, dieses Projekt in Kombination des Forschungsprojekts sowie des Praxismoduls Umweltingenieurwissenschaften im Rahmen des Masters Umweltingenieurwissenschaften an der Universität Rostock zu bearbeiten, ebenso der argus electronic GmbH und ihren Angestellten, durch deren Kooperation dieses Projekt überhaupt entstehen konnte.

Literatur

argus electronic gmbh (argus) (2020): Eine Kurzvorstellung. argus electronic gmbh – Entwicklung und Fertigung auf höchstem Niveau. unter: https://www.argus-electronic.de/de/unternehmen/eine-kurzvorstellung (abgerufen am: 24.05.2021).

Agafonkin, V. (2021): Leaflet. an open-source JavaScript library for mobile-friendly inter-active maps. unter: https://leafletjs.com/reference-1.7.1.html (abgerufen am: 05.01.2021).

MQTT (2020): Startseite. unter: https://mqtt.org/ (abgerufen am: 21.12.2020).

Rathaus Rostock (HRO) (2021): Fläche nach Nutzungsarten. unter: https://rathaus.rostock.de/de/flaeche_nach_nutzungsarten/816 (abgerufen am 24.05.2021).

3GPP (2020): NarrowBand IOT. unter: https://www.3gpp.org/news-events/3gpp-news/1733-niot (abgerufen am: 21.12.2020).

Standards + Rechtliche Grundlagen

Die Bedeutung von Datenaustauschstandards in der OZG Umsetzung:
Der Anwendungsfall Breitbandausbau

Toralf González

Leitstelle XPlanung / XBau
Landesbetrieb Geoinformation und Vermessung Hamburg
toralf.gonzalez@gv.hamburg.de

Abstract. Standards sind im Rahmen der Umsetzung des Onlinezugangsgesetzes (OZG) essenziell – so auch im Themenfeld Breitbandausbau. Der vorliegende Beitrag reißt die Vorgehensweise bei der Erweiterung der Standards XPlanung und XBau für diesen Anwendungsfall an und stellt deren Mehrwert für die Kommunikation zwischen Unternehmen und Genehmigungsbehörden heraus. Darüber hinaus werden Herausforderungen der OZG-Umsetzung angedeutet.

1 Entstehungskontext und Auftrag

Der IT-Planungsrat, das zentrale Steuerungsgremium für die Zusammenarbeit von Bund und Ländern im Bereich der Informationstechnik, hat die Leitstelle XPlanung/XBau im vergangenen Jahr beauftragt, die beiden von ihr betreuten Standards für den Anwendungsfall Breitbandausbau zu erweitern. Hervorgegangen ist dieser Auftrag aus der Umsetzung des Onlinezugangsgesetzes für den Breitbandausbau. Beginnend mit einem Digitalisierungslabor wurde unter der Federführung der Bundesländer Rheinland-Pfalz und Hessen die Entwicklung eines Antragsportals vorangetrieben und zugleich der Bedarf für die Standarderweiterungen beim IT-Planungsrat eingebracht. Das im Oktober 2020 online geschaltete Breitbandportal strebt mittlerweile den sog. Einer-für-alle-Status an, d. h. es soll möglichst in allen Bundesländern ausgerollt werden. Voraussetzung für eine Finanzierung dieses Vorhabens mit Mitteln des Konjunkturpakets ist wiederum die Nutzung von Standards.

Der Standard XBau (aktuell 2.2) ist die Norm für Struktur, Inhalt und Form von Informationen und Prozessen in bauaufsichtlichen Verfahren (z. B. für Bauanträge). Die unter dem Arbeitstitel "XBreitband" erfolgende Erweiterung bezieht sich auf ausgewählte Genehmigungsverfahren, die für den Breitbandausbau im öffentlichen Wegenetz notwendig werden.

Der Standard XPlanung (aktuell 5.3) definiert Struktur, Inhalt und Form zur digitalen Bereitstellung von räumlichen Planwerken (z. B. der Bauleitplanung). Die Erweiterung "XTrasse" erfolgt für Leitungstrassen, d. h. Bestandsleitungen verschiedenster Sparten und neu geplante Glasfaserkabel.

2　　Vorgehen der Standardisierung

XBau ist ein sog. XÖV-Standard (XML in der öffentlichen Verwaltung). Diese folgen einer spezifischen Methodik zur Entwicklung eines Fachmodells, das die zu erfassenden Daten strukturiert. Auf der technischen Ebene wird ein Set an Werkzeugen zur Erzeugung des Standards in Form von maschinenlesbaren XML-Schemata und dazugehörigen Dokumenten angeboten. Die Fachmodelle bauen auf Akteurs- und Prozessanalysen auf, die für jedes Genehmigungsverfahren durchgeführt werden. Im Rahmen der Entwicklung von XBau und XPlanung wurde eine „Bedarfsbeschreibung" erstellt, die nun für ausgewählte Anwendungsfälle des Breitbandausbaus erweitert wird. Dazu gehören:

- Telekommunikationsgesetz (TKG): Zustimmung des Wegebaulastträgers zur Verlegung/Änderung einer TK-Linie für öffentliche Verkehrswege (§ 68)
- Straßen- und Wegegesetze der Länder: Der Aufbruch der Wege entlang von Leitungstrassen ist eine genehmigungspflichtige Sondernutzung (sofern die Kommunen aufgrund des TKG-Zustimmungsverfahrens nicht darauf verzichten)
- Verkehrssicherungspflicht (abgeleitet aus § 823 BGB): Ein Aufbruch setzt voraus, dass Auskünfte bei den Unternehmen eingeholt werden, die Leitungen im Umfeld der Trasse besitzen
- StVO: Baustellen, die sich auf den Straßenverkehr auswirken, müssen gesichert sein. Tiefbauunternehmen benötigen vor Beginn der Arbeiten eine Verkehrsrechtliche Anordnung (VAO)

Die analytischen Vorarbeiten für die Erweiterung von XPlanung sind weniger umfangreich, z. T. weil die Entwicklung ohne den XÖV-Rahmen erfolgt, z. T. weil die Sachlage übersichtlicher ist: Es müssen Pläne der geplanten Trassen gesichtet und Anforderungen der Gemeinden an die Planerstellung erfasst werden. Trassenpläne haben zwar keinen formellen gesetzlichen Status, werden aber in den Zustimmungsverfahren nach TKG von den Behörden verlangt. Analog zum Fachmodell in XBau wird in XPlanung ein UML-Objektmodell erstellt, das Klassen und Objekte über Vererbungen und Relationen strukturiert und Sachdaten als Attribute einbindet. Das Modell wird über ein Werkzeug in maschinenlesbare XML-Schemata übersetzt. Der erstellte Plan wird als XML-Instanz gegen die Schemata validiert.

3   Standardisierung als Volldigitalisierung

Die Digitalisierung von Anträgen erfolgt häufig in der Form, dass nur wenige Daten in Onlineformulare eingetippt und die Antragsinhalte in Form von PDF-Dokumenten angehängt werden. XBau verfolgt ein anderes Ziel: Erst durch die weitgehende „Volldigitalisierung" der Antragsdaten kann ein medienbruchfreier Nachrichtenaustausch zwischen Antragsstellern und Behörden erfolgen. Damit lassen sich Potenziale einer sog. Maschine-zu-Maschine-Kommunikation in Softwareanwendungen und IT-basierten Workflows nutzbar machen, die den Standard implementieren.

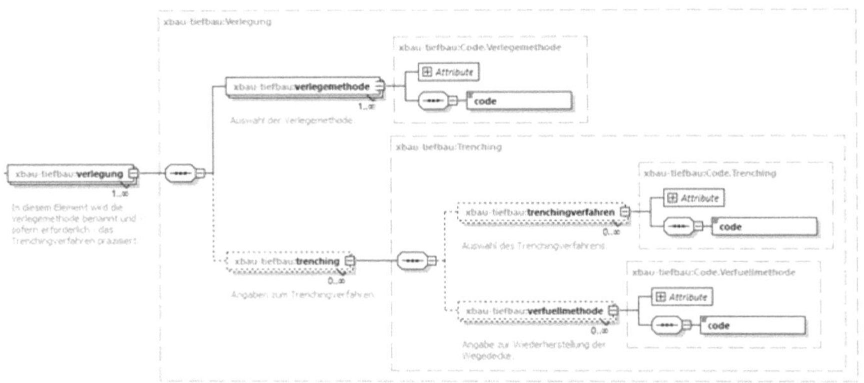

Abbildung 1: Schema-Element einer XBreitband-Nachricht, in dem die Verlegemethode über eine Codeliste erfasst und – sofern angewandt – für das Trenchingverfahren weiter präzisiert werden kann.

Trassenpläne sollen die als PDF-Dateien eingereichten erläuternden Planzeichnungen vollständig ersetzen. In der Instanz-Datei werden Planinhalte in Form von Datenattributen an die Geometrien oder den überplanten Bereich „angehängt". In entsprechenden Softwareanwendungen sind diese Inhalte abruf- und auswertbar. Da der Datenstandard zugleich ein Austauschformat ist, reicht es, die Instanz-Datei mit einer XBreitband-Nachricht zu übersenden. Die Visualisierung aufseiten der Genehmigungsbehörden setzt allerdings voraus, dass entweder ihre Fachanwendungen oder Open-Source-Lösungen für dieses Szenario ertüchtigt werden.

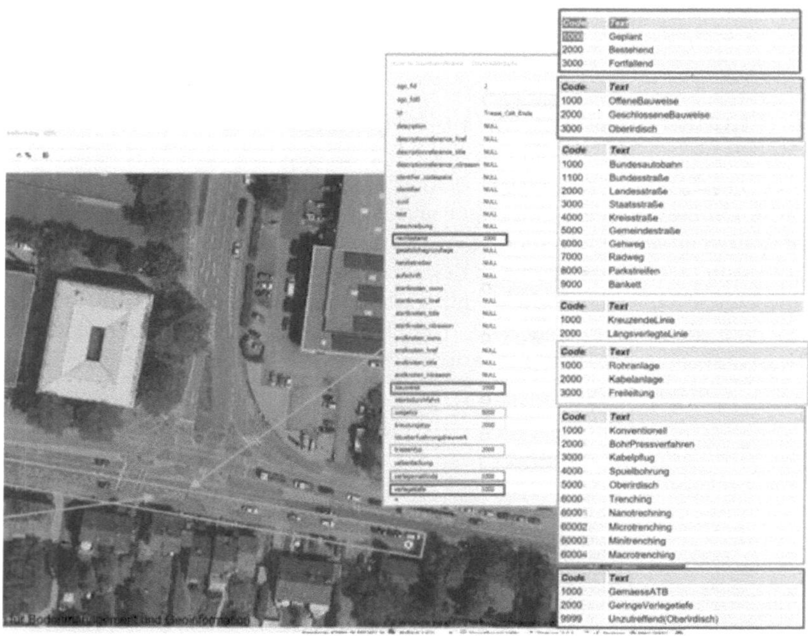

Abbildung 2: Instanz-Daten einer geplanten Trasse mit erläuternden Codelisten

4   Alleinstellungsmerkmale von XBau/XBreitband

Die Leitstelle hat dem IT-Planungsrat im Frühjahr 2021 neben der bislang um drei Anwendungsfälle erweiterten Bedarfsbeschreibung auch eine erste technische Spezifikation mit zentralen XBreitband-Antragsnachrichten vorgelegt. Nach dem Beschluss des Planungsrates soll der Standard nun getestet werden.[1]

Die Einführung von Standards erfolgt nicht als Selbstläufer. Die Interessenslagen aufseiten der Kommunen sind sehr heterogen, je nachdem ob und wie weitreichend Antragsverfahren schon digitalisiert sind. Dabei sind sie auf die Mitarbeit ihrer IT-Dienstleister und Softwarehersteller angewiesen, deren Eigeninteressen in Entscheidungen für oder gegen eine neue IT-Lösung einfließen. Die Anpassung von Softwareapplikationen ist nicht förderungsfähig, hier müssen die Firmen in Vorleistung gehen. Bedenken lassen sich nicht einfach ausräumen, weil die in der OZG-Umsetzung geforderte Standardisierung auch in anderer Form erfolgen könnte. Warum sollten sich Verwaltungen also für XBreitband starkmachen?

Während der XÖV-Standard ursprünglich für die zwischenbehördliche Kommunikation entwickelt wurde, hat XBau diese Struktur auf die Kommunikation zwischen Akteuren aus Wirtschaft und Genehmigungsverwaltung erweitert. Entscheidend ist, dass die Kommunikation bidirektional erfolgt: Denn anders als die gewöhnlichen Anträge im Privatbereich sind von Architektinnen gestellte Bauanträge oder vom Tiefbauer eingereichte Anträge auf eine Verkehrsrechtliche Anordnung häufig entweder bei Antragstellung unvollständig oder es ergeben sich in der Bearbeitung Nachfragen, die u. U. auch eine Nachbearbeitung oder gar Neubeantragung erforderlich machen. XBau kann diesen gesamten Prozess in Form von separaten Nachrichten abbilden, inkl. der Kommunikation mit weiteren Behörden, z. B. im Rahmen von Beteiligungsverfahren. Die isolierte Digitalisierung eines Antragsformulars greift also zu kurz, wenn komplexere Verfahrensprozesse tatsächlich transparenter gestaltet und beschleunigt werden sollen.

XBreitband bietet darüber hinaus die Möglichkeit, die Genehmigungsverfahren der Straßenbau- und der Straßenverkehrsverwaltung besser zu koordinieren, was aus Sicht der antragstellenden Telekommunikationsunternehmen bzw. den von ihnen beauftragten Firmen zwingend notwendig ist, um den allseits gewünschten Breitbandausbau voranzutreiben. Eine Genehmigung, die die eine Behörde erteilt, kann automatisiert in das System der anderen Behörde eingespielt werden, inkl. der Termine und beteiligten Akteure. Ein weiterer Optimierungsschritt besteht darin, Medienbrüche zwischen den in der Verwaltung eingesetzten Sys-

---

[1] IT-Planungsrat – Service34. Sitzung des IT-Planungsrats vom 17. März 2021. Die aktuelle Version XBreitband 0.9 liegt im XRepository.

temen zu überwinden, indem Daten aus Genehmigungsverfahren in andere IT-Plattformen weitergeleitet werden können. Ein Beispiel hierfür sind Verkehrsinformationssysteme, die Baustellen anzeigen und hierfür einen eigenen Standard nutzen (Datex II), weshalb Daten zu Baustellen aus dem Breitbandausbau bislang erneut erfasst werden müssen.

5 Herausforderung der OZG-Umsetzung

Daten(austausch)standards sind auf die Implementierung in Fachanwendungen oder Onlineportale angewiesen. Zugleich muss die Transportinfrastruktur in der Lage sein, die Daten zwischen IT-Systemen der Antragssteller und denen der Verwaltung auszutauschen. Dies ist aufgrund des behördeninternen Einsatzszenarios der XÖV-Standards keine banale Anforderung an die Einführung von XBreitband. Die in der IT-Infrastruktur der Behörden eingesetzten Standards für Schnittstellen und Transportprotokolle kennen als Absender und Empfänger nur Verwaltungen, die in dem Deutschen Verwaltungsdienstverzeichnis (DVDV) geführt werden. Dieses nach außen abgeschottete eGovernment-System muss nun im Rahmen des OZG-Prozesses geöffnet werden. Bislang gelöst wurde dies für Onlineportale, die quasi den Status einer Behörde erhalten und ins DVDV aufgenommen werden. Wie dagegen ein TK-Unternehmen aus der eigenen Planungssoftware heraus bundesweit Anträge auf Zustimmung nach § 68 TKG bei den jeweiligen Wegebaulastträgern (d. h. in der Regel Tiefbauämtern) stellen kann, ist eine der Herausforderungen, für die derzeit noch technologische Lösungen entwickelt werden.

Neben der technischen Frage, wie Nachrichten sicher und zuverlässig zwischen Unternehmen und Behörden übermittelt werden können, stellt sich Antragstellern nach § 68 TKG das Problem der Ermittlung des zuständigen Wegbaulastträgers. Dies hat zum einen eine quantitative Dimension: Bundesweit gibt es mehr als 10.000 potenziell zuständige Stellen in Kommunen, Landkreisen und auf Landesebene. Hinzu kommt die spezifische Zuständigkeit für einzelne Straßen bzw. Bestandteile einer Straße: Für Ortsdurchfahrten sind die Kommunen z. B. nur im Hinblick auf Gehwege generell zuständig, die Zuständigkeit für die Straße hängt ab von ihrer Einwohnerzahl. Die gesetzliche Zuständigkeit für Kreis- und Landesstraßen wird wiederum häufig durch Vereinbarungen zu deren Betrieb überlagert. Je nach Dimension und Verlauf einer Breitbandtrasse kann die Frage der Zuständigkeitsfindung auch weiterhin eine händische Recherche erfordern, da die derzeit als IT-Infrastrukturkomponente verfügbaren „Zuständigkeitsfinder" auf dem simplen Prinzip der zugehörigen Postleitzahl basieren.

Das zuletzt genannte Beispiel betrifft nicht unmittelbar die Einführung von Standards, zeigt jedoch, wie eng dieser Prozess mit einer erfolgreichen OZG-Umsetzung verbunden ist. Verschiedene IT-Komponenten werden neu entwickelt und müssen am Ende doch ineinandergreifen, wenn die Digitalisierung der Genehmigungsverfahren Anwendern spürbaren Nutzen verschaffen soll. Dieses Ziel darf – bei aller Komplexität im Detail – nicht aus den Augen verloren werden.

Die Weitergabe von Katasterdaten an Dritte aus datenschutzrechtlicher Sicht

Falk Zscheile

Landesstraßenbaubehörde Sachsen-Anhalt
falk.zscheile@lsbb.sachsen-anhalt.de

Abstract. Geographische Informationen lassen sich für die unterschiedlichsten Zwecke verarbeiten. Soweit diese Informationen einen Personenbezug aufweisen, ist das Datenschutzrecht zu beachten. Dieses enthält mit dem Grundsatz der Zweckbindung einen der freien Verwendung geographischer Informationen diametral entgegenstehenden Grundsatz. Der nachfolgende Beitrag geht den datenschutzrechtlichen Fragen zur Zweckbindung, Zweckänderung und Aufgabenerfüllung am Beispiel von Grundstückseigentümerdaten aus dem Amtlichen Liegenschaftskatasterinformationssystem (ALKIS) nach.

1 Einleitung

Die Vorteile digital in Datenbanken vorgehaltener Informationen sind unbestreitbar. Die gespeicherten Informationen sind auf keinen konkreten Zweck festgelegt, sondern lassen sich ohne Weiteres mit anderen Informationen kombinieren. Hier liegt ein wesentlicher Mehrwert moderner Informationsverarbeitung. Flankiert wird die gute Kombinierbarkeit digitaler Informationen durch die Möglichkeit, diese verlustfrei zu vervielfältigen und über das Internet schnell zu übertragen. Darüber hinaus besitzen digitale Informationen eine nahezu unbegrenzte Haltbarkeit. Die geringen Speicherkosten gegenüber einer analogen Informationshaltung lassen das Bedürfnis nach einer Löschung bei der datenhaltenden Stelle erst gar nicht aufkommen.

Den eben geschilderten Vorteilen digitaler geographischer Informationen aus Sicht der (Geo-)Informatik stehen quasi eins zu eins datenschutzrechtliche Risiken gegenüber, wenn es sich um personenbezogene Daten handelt. Das Zusammenführen verschiedenster personenbezogener Informationen (fehlende Zweckbindung) ermöglicht dem Datenverarbeiter, die Profilbildung über oder die Verhaltensanalysen von betroffenen Personen durchzuführen. Die Kombination von Informationen aus unterschiedlichen Datenquellen verspricht zudem zusätzlichen Erkenntnisgewinn, der über den Informationsgehalt der einzelnen zusammengetragenen Informationen deutlich hinausgeht. Die schnelle und ungehinderte Verbreitung von digitalen Informationen über das Internet sorgt dafür, dass einmal bekannt gewordene personenbezogene Informationen überhaupt nicht oder nur schwer wieder gelöscht werden können. Einmal in der Welt bleiben diese Informationen aufgrund der guten Speichermöglichkeiten (für immer) erhalten.

2   Inhalt und Nutzung von Katasterdaten

Zu den im Amtlichen Liegenschafskatasterinformationssystem (ALKIS) geführten Informationen gehören unter anderem folgende Objektarten: Angaben zum Flurstück, Angaben zur Lage der Flurstücke, Personen- und Bestandsdaten (Name, Vorname oder Firma, akademischer Grad, Geburtsname, Geburtsdatum, Anschrift, Eigentumsanteil, Eigentümerart, Art der Rechtsgemeinschaft) der Flurstücke, Gebäude auf dem Flurstück usw.

Die Angaben zur Objektart „Personen- und Bestandsdaten" zeigen eine nicht unerhebliche Anzahl personenbezogener Daten, die im Zusammenhang mit Flurstücken gespeichert sind. Die Erhebung der oben genannten beispielhaften Objektarten erfolgt jedoch nicht ohne Grund. Sie dient der Erfüllung von Aufgaben, die einer Behörde durch Gesetz zugewiesen werden. Das Vermessungswesen ist eine Aufgabe in der Gesetzgebungszuständigkeit der Länder. Dementsprechend werden die Aufgaben im Zusammenhang mit der Vermessungsverwaltung durch Landesgesetze geregelt. Die Struktur dieser Landesgesetze unterscheidet sich folglich von Land zu Land. Im Kern werden für das Amtliche Liegenschaftskatasterinformationssystem aber die gleichen Aufgaben definiert. So finden sich als Zwecke bzw. Aufgaben des Amtlichen Liegenschaftskatasterinformationssystem unter anderem: Amtliches Verzeichnis der Grundstücke im Sinne der Grundbuchordnung, Nachweis der Liegenschaften, Sicherstellung des Grundeigentums, Ordnung von Grund und Boden sowie die Bereitstellung von Geobasisdaten, vgl. § 11 VermGeoGLSA, §§ 22,23 GeoVermG M-V, § 12 VermKatG S-H, §§ 5,6, 11 BbgVermG.

Der Blick auf die Vermessungsgesetze der Länder zeigt, dass die Führung des Amtlichen Liegenschaftskatasterinformationssystem durch die Vermessungsverwaltung erfolgt und die erfassten Daten durchaus ganz unterschiedlichen Zwecken zu dienen bestimmt sind. Hier zeigt sich auch, dass die durch die Vermessungsverwaltung im Amtlichen Liegenschaftskatasterinformationssystem erfassten Daten vornehmlich nicht durch die Vermessungsverwaltung selbst genutzt werden, sondern durch andere Landesbehörden. So dient das amtliche Verzeichnis der Grundstücke als Grundlage des Eigentumsnachweises im Grundbuch. Der Nachweis der Lage eines Grundstücks dient davon unabhängig ganz allgemein der Sicherung des Grundeigentums. Die Aspekte der Ordnung von Grund und Boden zielen hingegen auf die Nutzung durch Behörden im Bereich der Raumordnung und Bauleitplanung ab. Soweit allgemein vom Vorhalten von Geobasisdaten gesprochen wird, wird durch die Vermessungsgesetze dem Umstand Rechnung getragen, dass kaum ein Bereich der öffentlichen Verwaltung bei der Erledigung seiner Aufgaben ohne den Rückgriff auf geographische Informationen auskommt.

3 Weitergabe von personenbezogenen Katasterdaten

Wie bereits eingangs angedeutet, besteht die große Herausforderung bei Geodaten im Bereich des Datenschutzrechts darin, dass faktisch alle Informationen, die sich auf ein Grundstück beziehen, gleichzeitig auch personenbezogene Daten sind. Dies führt zur Anwendbarkeit des Datenschutzrechts (Datenschutzgrundverordnung, Landesdatenschutzgesetze). Dabei ist die Personenbeziehbarkeit für die Anwendbarkeit des Datenschutzrechts ausreichend. Eine bloße Personenbeziehbarkeit liegt vor, wenn die sich hinter einer (geographischen) Information verbergende Person (mit vertretbarem Aufwand) ermittelt werden kann. Auf die bloße Personenbeziehbarkeit soll im Folgenden nicht weiter eingegangen werden. Nachfolgend soll sich die Betrachtung auf die Weitergabe von Katasterdaten beschränken, welche die Grundstückseigentümerinformationen schon direkt enthalten (unmittelbarer Personenbezug zwischen Eigentümer und Grundstück).

3.1 Rahmenbedingungen des Datenschutzrechts

Für die Verarbeitung personenbezogener Daten gelten im Datenschutzrecht klare Regeln. Zum einen ist jede Verarbeitung rechtfertigungsbedürftig, d. h. es muss ein entsprechender Erlaubnistatbestand vorliegen (Verbot mit Erlaubnisvorbehalt), Art. 6 Abs. 1 DSGVO.

Zum anderen, wenn ein Erlaubnistatbestand gegeben ist, müssen im Rahmen der (erlaubten) Verarbeitung personenbezogener Daten die datenschutzrechtlichen Grundsätze eingehalten werden, Art. 5 Abs. 1 DSGVO. Wie sich im weiteren Verlauf des Beitrags noch zeigen wird, greifen bei der Datenweitergabe Erlaubnistatbestand und Grundsatz der Zweckbindung, Art. 5 Abs. 1 lit. b DSGVO eng ineinander.

Die Datenübermittlung stellt einen Unterfall der allgemeinen Datenverarbeitung dar. Damit gilt im Grundsatz, dass jede Übermittlung personenbezogener Daten auch bei Beibehaltung des Zwecks rechtfertigungsbedürftig ist.

Ob eine Verarbeitung personenbezogener Daten zulässig ist, ist für jede öffentliche bzw. nicht-öffentliche Stelle gesondert zu betrachten. Das Datenschutzrecht bestimmt die für eine Datenverarbeitung verantwortliche Stelle unabhängig von einer etwaigen juristischen Person als Rechtsträger. Das bedeutet, dass die Behörden eines Landes jeweils einzeln zu betrachtende öffentliche Stellen sind. Damit ist auch die Weitergabe personenbezogener Daten zwischen Behörden rechtfertigungsbedürftig.

Wie eingangs geschildert, fehlt es digitalen geographischen Informationen in der Regel an einem konkreten Einsatz- oder Verwendungszweck. Das Datenschutzrecht verlangt daher, dass jedem erhobenen Datum ein Zweck zugeordnet wird (Grundsatz der Zweckbindung). Dieser Zweck ist zu dokumentieren (Verfahrensverzeichnis) und muss auch im Rahmen der Verarbeitung und Weitergabe von Informationen erhalten bleiben, es sei denn, es liegt eine zulässige Zweckänderung vor. Der Wegfall des einer Information zugeordneten Zwecks ist seinerseits nur zulässig, wenn dies durch das Datenschutzrecht gestattet wird. Das Ersetzen eines bestehenden Zwecks durch einen anderen Zweck ist also für sich rechtfertigungsbedürftig.

3.2 Weitergabe von personenbezogenen Katasterdaten

Aus dem Gesagten ergibt sich, dass für die Weitergabe von personenbezogenen Daten im Kern drei Erlaubnistatbestände notwendig sind:

1. Die Erlaubnis der abgebenden Stelle, die Daten überhaupt verarbeiten (besitzen) zu dürfen.
2. Die Erlaubnis der abgebenden Stelle, die Daten weitergeben zu dürfen.
3. Die Erlaubnis der die Daten aufnehmenden Stelle, die Daten verarbeiten (nutzen) zu dürfen.

Die Erlaubnis für Behörden, personenbezogene Daten verarbeiten (besitzen) zu dürfen, ergibt sich im Wesentlichen aus zwei Erlaubnistatbeständen: Die Verarbeitung personenbezogener Daten ist immer zulässig, soweit dies für die Erfüllung einer rechtlichen Verpflichtung erforderlich ist, Art. 6 Abs. 1 lit. c, Abs. 2, 3 DSGVO i. v. m. Landesdatenschutzgesetz i. v. m Fachgesetz. Die Verarbeitung personenbezogener Daten ist außerdem zulässig, soweit dies für die Wahrnehmung einer übertragenen Aufgabe, die im öffentlichen Interesse liegt, erforderlich ist, Art. 6 Abs. 1 lit. c, Abs. 2, 3 DSGVO i. v. m. Landesdatenschutzgesetz i. v. m Fachgesetz.

3.3 Fallgruppen der Datenweitergabe

Auf Basis der bisherigen Feststellung lassen sich für die Weitergabe von Daten des Amtlichen Liegenschaftskatasterinformationssystem vier Fallgruppen bilden:

i)	Die Behörde eines Landes gibt die Daten an eine andere Behörde des gleichen Landes weiter.
ii)	Die Behörde eines Landes gibt die Daten an die Behörde eines anderen Landes weiter.
iii)	Eine Behörde, die personenbezogene Daten aus dem Amtlichen Liegenschafskatasterinformationssystem erhalten hat, möchte diese Daten an einen privaten Dienstleister, den sie einsetzt, weitergeben.
iv)	Eine Behörde möchte personenbezogene Daten aus dem Amtlichen Liegenschafskatasterinformationssystem an eine Privatperson oder ein privates Unternehmen auf dessen Anforderung hin weitergeben. Im letztgerannten Fall spielen neben dem Datenschutzrecht auch Fragen des Informationszugangs- bzw. der Informationsfreiheitsrechts sowie die sich aus der INSPIRE-Richtlinie ergebenden landesgesetzlichen Vorgaben eine Rolle. Auf diese Aspekte soll im Rahmen dieses Beitrags jedoch nicht weiter eingegangen werden.

Zunächst soll die Fallgruppe der Weitergabe von Grundstücksdaten des Amtlichen Liegenschaftskatasterinformationssystems durch die Vermessungsbehörde an eine andere Behörde des Landes betrachtet werden. Die Befugnis zum Verarbeiten, insbesondere Erfassung und Speicherung, dieser personenbezogenen Daten ergibt sich aus der Zuständigkeit bzw. den Aufgaben der Behörde (vgl. 3.2), wobei das hier einschlägige Fachgesetz das entsprechende Vermessungsgesetz des Landes ist. Für die Weitergabe an eine andere Behörde des gleichen Landes ist zunächst zu prüfen, ob die Weitergabe unter Beibehaltung des Zwecks zulässig ist. Zwingende Voraussetzung für eine Prüfung ist also, dass die anfragende Behörde den Grund (Zweck) für die Anforderungen der entsprechenden Daten angibt. Für Behördenanfragen in Sachsen-Anhalt, § 6 Abs. 1 DSAG LSA, Brandenburg, § 8 BbgDSG, und Schleswig-Holstein, § 5 Abs. 2 LDSG S-H, sieht das Landesrecht Erleichterungen für die Datenweitergabe an andere Behörden vor. So hat die abgebende Behörde nur zu prüfen, ob sich die Anfrage im Rahmen der Aufgabe der anfragenden Behörde bewegt. Eine umfängliche Rechtmäßigkeitsprüfung mit Sachverhaltsermittlung ist nur ausnahmsweise bei entsprechenden Anhaltspunkten erforderlich. Das Datenschutzgesetz von Mecklenburg-Vorpommern enthält keine vergleichbare Regelung. Werden die Daten an die Empfängerbehörde abgegeben, so hat die Empfängerbehörde zunächst ebenfalls zu prüfen, ob eine Verarbeitung im Rahmen des Zwecks möglich ist oder ob gegebenenfalls eine Zweckänderung und das Vorliegen der entsprechenden Voraussetzungen geprüft werden muss. Bewegt sich die geplante Datenverarbeitung im Rahmen des Übermittlungszwecks, muss die Empfängerbehörde das Vorliegen der Erlaubnistatbestände und die Einhaltung der datenschutzrechtlichen Grundsätze im eigenen Aufgaben- und Zuständigkeitsbereich prüfen und darf bei Einhaltung aller rechtlichen Vorgaben die Datenverarbeitung vornehmen.

Für die Weitergabe von personenbezogenen Daten aus dem amtlichen Liegenschaftskatasterinformationssystem an eine Behörde eines anderen Landes gilt im Grundsatz das zuvor Gesagte. Selbstverständlich hat hier die Ausgangsbehörde das für sie geltende Landesrecht bei der Prüfung zugrunde zu legen, während die Empfängerbehörde das für ihr Bundesland gültige Landesrecht für eine Prüfung zugrunde legen muss. Schwierigkeiten bei der Bestimmung des anwendbaren Rechts kann es geben, wenn eine Zweckänderung im Raum steht. So ist unklar, ob die Ausgangsbehörde befugt ist, die Zulässigkeit einer Zweckänderung auf Basis der landesrechtlichen Bestimmungen des Empfängerlandes zu prüfen. Diese Fälle dürften jedoch äußerst selten vorkommen, da die staatlichen Aufgaben dies und jenseits der Landesgrenzen im Wesentlichen gleich sind und auch die jeweiligen Landesbestimmungen meist nur in Nuancen abweichen.

Möchte eine Behörde Daten, die sie aus dem amtlichen Liegenschaftskatasterinformationssystem erhalten hat, an einen privaten Dienstleister weitergeben, damit dieser Unterstützungsleistungen für die Behörde erbringt, so fehlt es in der Regel an einem Erlaubnistatbestand für die Weitergabe dieser personenbezogenen Daten an den Dienstleister. Die gesetzlichen Erlaubnistatbestände, auf die sich die Datenverarbeitung einer Behörde in der Regel stützt (vgl. 3.2), adressieren nur die Behörde selbst, nicht aber private Dienstleister. Der private Dienstleister kann sich also nicht auf die Erlaubnistatbestände, die in den Verwaltungsfachgesetzen enthalten sind, berufen. Da es in diesen Fällen an einem Erlaubnistatbestand für die Datenweitergabe fehlt, ist der Abschluss einer Auftragsdatenverarbeitungsvereinbarung gemäß Art. 28 DSGVO zwischen Behörde (Auftraggeber) und Dienstleister (Auftragsdatenverarbeiter) notwendig. Liegt eine Auftragsdatenverarbeitungsvereinbarung vor, ist kein gesonderter Erlaubnistatbestand für den Auftragsdatenverarbeiter notwendig. Der Auftragsdatenverarbeiter gilt rechtlich in diesem Fall als Teil des Auftraggebers und partizipiert von dessen Erlaubnis zur Verarbeitung personenbezogener Daten. Voraussetzung hierfür ist natürlich, dass eine wirksame Auftragsdatenverarbeitungsvereinbarung vorliegt und sich die Tätigkeit des Auftragsdatenverarbeiters im Rahmen der Auftragsdatenverarbeitung hält, einschließlich der dort definierten technischen und organisatorischen Maßnahmen. In Sachsen-Anhalt und Schleswig-Holstein verpflichten die jeweiligen Landesdatenschutzgesetze, in den Vertrag mit dem Auftragsdatenverarbeiter eine Klausel aufzunehmen, wonach sich dieser an die Vorgaben des jeweiligen Landesdatenschutzgesetzes halten muss, § 38 Abs. 1 LDSG S-H, § 15 Abs. 1 DSAG LSA. Hierzu muss man wissen, dass sich die Landesdatenschutzgesetze aus kompetenzrechtlichen Gründen lediglich an die Verwaltung des jeweiligen Landes richten. Für Privatrechtssubjekte, also auch private Dienstleister, gilt das Bundesdatenschutzgesetz. Der Hintergrund entsprechender Klauseln ist vermutlich, dass Vorgaben des Landesdatenschutzgesetzes nicht durch die Beauftragung eines privaten Dienstleisters umgangen werden können. In Sachsen-Anhalt muss außerdem auch das Recht zur Kontrolle des Auftragsdatenverarbeiters durch den Landesdatenschutzbeauftragten Sachsen-Anhalt vertraglich vereinbart werden. Dies ist insbesondere für Fälle von Bedeutung, in denen der Auftragsdatenverarbeiter seinen Firmensitz nicht in Sachsen-Anhalt hat. In diesem Fall ist die Datenschutzbehörde des Bundeslandes zuständig, in welcher der Firmensitz liegt. Ob eine vertragliche Ausweitung der Zuständigkeit der Landesdatenschutzbehörde Sachsen-Anhalt möglich ist, ist bisher nicht gerichtlich geklärt. Eine Lösung über die Gewährung von Amtshilfe erscheint ebenfalls möglich und entspräche dem Vorgehen in anderen Bundesländern.

Für den Fall, dass personenbezogene Daten aus dem Amtlichen Liegenschaftskatasterinformationssystem an Private abgegeben werden, muss die abgebende Behörde prüfen, ob eine entsprechende datenschutzrechtliche Erlaubnis zur Datenweitergabe an Private vorliegt. Bemerkenswert ist insoweit eine Entscheidung des VG Wiesbaden, Urteil vom 4.11.2019, Az. 6 K 460/16.W, dass die datenschutzrechtliche Zulässigkeit einer solchen Datenweitergabe von Informationen aus dem Liegenschaftskataster an Private für unzulässig hält. Die dem Urteil zugrunde liegenden Argumente überzeugen im Ergebnis nicht. Die Vermessungsgesetze der Länder können nach der hier vertretenen Auffassung grundsätzlich tragfähige Erlaubnistatbestände für die Übermittlung personenbezogener Daten aus dem Amtlichen Liegenschaftskatasterinformationssystem auch an Private darstellen. Eine Feinjustierung der Un- bzw. Zulässigkeit der Verarbeitung personenbezogener Daten sollte auf der Ebene der Einhaltung der datenschutzrechtlichen Grundsätze, zu denen auch die Verhältnismäßigkeitsprüfung gehört, vorgenommen werden. Ist die Weitergabe personenbezogener Daten durch die Ausgangsbehörde an Private zulässig, so hat der Empfänger wiederum zu prüfen, ob die Verarbeitung zu dem von ihm verfolgten Zweck zulässig ist und ein geeigneter Erlaubnistatbestand auf Basis der Datenschutzgrundverordnung vorliegt und die datenschutzrechtlichen Grundsätze eingehalten werden. Problematisch sind auch hier eventuell geplante Zweckänderungen im Zusammenhang mit der Datenverarbeitung. Das Datenschutzgesetz des Landes Brandenburg verlangt für die Abgabe von personenbezogenen Daten an Private in bestimmten Fällen, dass eine vertragliche Regelung geschlossen wird, die eine Zweckänderung ausschließt, vgl. § 6 Abs. 4 Bbg DSG.

4 Zusammenfassung

Die Übermittlung personenbezogener Daten aus dem Amtlichen Liegenschaftskatasterinformationssystem durch Behörden bedarf mehrerer rechtlicher Prüfschritte. Dabei muss durch die abgebende Behörde sowohl die Befugnis zur Verarbeitung als auch die Befugnis zur Datenübermittlung geprüft werden. Für die Datenübermittlung von Behörde zu Behörde sehen einige Landesgesetze Erleichterungen bei der Prüfung vor. Bestimmte landesrechtliche Regelungen zur Auftragsdatenverarbeitung mit privaten Dienstleistern erscheinen im Hinblick auf die Kompetenzordnung problematisch. Geplante Zweckänderungen im Zusammenhang mit der Datenübermittlung oder Datenverarbeitung sind eigenständig rechtfertigungsbedürftig und bedürfen einer genauen Prüfung. In diesem Bereich bestehen bei der Rechtsauslegung noch große Unsicherheiten. Obwohl das Datenschutzrecht seit Inkrafttreten der Datenschutzgrundverordnung zum voll harmonisierten Recht innerhalb der Europäischen Union zählt, ergeben sich im Detail überraschende Unterschiede zwischen den Datenschutzgesetzen der einzelnen Bundesländer.

Anwendung

GeoLab.MV – Wie bastelt man ein Geo-Portal für Schüler und Lehrer?

Karen Langer

LAiV M-V, Koordinierungsstelle für Geoinformationswesen (KGeo)
Karen.Langer@laiv-mv.de

Abstract. GeoLab.MV ist das Ergebnis des NGIS-Projektes „GAIA-MV für Schulen". Dieses Projekt wurde initiiert, um aufzuzeigen, dass der Umgang mit digitalen Karten sowie das Erfassen und Auswerten von digitalen Geodaten in einfacher Art und Weise in den Schulalltag integriert werden kann. Bei der Konzipierung und Umsetzung des GeoLab.MV standen die Anforderungen und Bedürfnisse von LehrerInnen und SchülerInnen im Mittelpunkt. Mit der Methode des Design Thinking wurden zunächst Personas und Nutzerreisen entwickelt und darauf aufbauend der digitale Prototyp zusammengestellt. Nach weiteren Workshops wurden Optimierungen und Anpassungen iterativ eingearbeitet und die technische Realisierung des GeoLab.MV umgesetzt.

1 Projektidee

Geodaten und digitale Karten werden bereits in vielen Bereichen des öffentlichen Lebens verwendet. Sie sind eine wichtige Grundlage für Planungen und Entscheidungen in Verwaltung, Wirtschaft und Politik. Auch viele BürgerInnen nutzen Geoinformationen, um sich über aktuelle Geschehnisse zu informieren oder um Auskünfte aus Verwaltungsdaten zu erhalten.

Die Verwendung von digitalen Karten in Schulen steckt dagegen immer noch in den Kinderschuhen. Zwar gab es in den letzten Jahren zahlreiche Projekte zum Thema „GIS in Schulen", aber in der Fläche werden digitale Geoinformationen nach wie vor nicht oder nur vereinzelt angewendet. Eine Hürde für den standardmäßigen Einsatz ist sicherlich die unzureichende digitale Ausstattung an Schulen. Aber selbst wenn das Klassenzimmer gut ausgerüstet ist, steht die Frage im Raum, ob und zu welchen Bedingungen den LehrerInnen geeignete Unterrichtshilfen und geprüfte Lernsoftware für den täglichen Einsatz zur Verfügung stehen. Was dagegen vollumfänglich besteht, ist das Interesse der Lehre-rInnen und SchülerInnen an der Nutzung von digitalen Karten im Unterricht.

Auf Grundlage dieser Eindrücke und persönlichen Erfahrungen entstand im Rahmen der Umsetzung der Nationalen Geoinformationsstrategie (NGIS) in M-V das Bedürfnis, das Projekt „GAIA-MV für Schulen" in die Wege zu leiten und den folgenden Fragen nachzugehen:

- Wie können wir das Thema „Geodaten und Geoportal" im schulischen Kontext greifbarer machen?
- Welche Geoportal-Komponenten können SchülerInnen und LehrerInnen dabei als digitale Arbeitsmittel verwenden?
- Wie lässt sich die digitale Medienkompetenz beim Umgang mit Geodaten stärken?
- Wie wird in Schulen mit Geodaten umgegangen?

2   Ziele des Projektes

Die Nationale Geoinformationsstrategie (NGIS) hat das Ziel, Geoinformationen wirkungsvoll, wirtschaftlich und wertschöpfend für alle nutzbar zu machen. Das Projekt „GAIA-MV für Schulen" wurde initiiert, um aufzuzeigen, dass der Umgang mit digitalen Karten sowie das Erfassen und Auswerten von digitalen Geodaten in einfacher Art und Weise in den Schulalltag integriert werden kann.

Durch das Verwenden der vorhandenen Werkzeuge der Geodateninfrastruktur (GDI-MV) soll sichergestellt werden, dass den LehrerInnen und SchülerInnen anwenderfreundliche und nachhaltig finanzierte Hilfsmittel langfristig zur Verfügung stehen.

Den LehrerInnen und SchülerInnen sollen dabei auch der Fortschritt bzw. die Möglichkeiten des digitalen Unterrichts aufgezeigt werden. Durch einen praxis-orientierten Unterricht mit Geodaten sollen die SchülerInnen zudem zukünftig die Möglichkeit erhalten, die vielfältigen Einsatzfelder von Geodaten und die Werkzeuge zur Bearbeitung von Geodaten kennenzulernen.

Die Ziele des Projektes sind:

- Anforderungen der LehrerInnen und SchülerInnen an den Umgang mit digitalen Karten bzw. Geodaten kennenlernen und den Bedarf konkretisieren
- Erarbeitung einer Beschreibung zur technischen Umsetzung und Gestaltung auf Basis des GeoPortal.MV bzw. des Geodatenviewers GAIA-MV
- Erarbeitung von Beispielaufgaben für verschiedene Klassenstufen und Schulfächer
- technische Umsetzung als Prototyp und letztendlich als funktionsfähige Anwendung

3 Methode Design Thinking

Für die Umsetzung der Projektidee wurde auf die Methode des Public Service Design-Prozesses zurückgegriffen, die auf dem Design Thinking basiert. Es geht dabei um eine besondere Vorgehensweise zur Erfassung von inhaltlichen und technischen Anforderungskriterien. Durch das Design Thinking wird eine systematische Herangehensweise ermöglicht, sodass im Projekt die komplexen Problemstellungen, die sich aus den verschiedenen Nutzersichten ergaben, bearbeitet werden konnten.

Mit dieser besonderen Arbeitsweise wurden die Wünsche und Bedürfnisse der NutzerInnen, also LehrerInnen und SchülerInnen, ins Zentrum des Prozesses gerückt. Zunächst wurden dafür auf die Nutzergruppe gemünzte Fragen gestellt und die Abläufe und Verhaltensweisen aufgenommen. Auf Basis dieser Nutzerprofile und Nutzerreisen ließen sich Lösungen und Ideen früh sichtbar machen und geeignete Prototypen entwickeln.

Für die Erarbeitung der Projektergebnisse wurden die verschiedenen Phasen des Design Thinking in mehreren Workshops mit unterschiedlichen Beteiligten durchlaufen. Im Vorfeld der Workshops wurden zudem Telefoninterviews geführt. Deren Aussagen sowie die Arbeitsergebnisse des ersten Workshops haben aufgezeigt, dass vor allem für LehrerInnen ein gebrauchstaugliches Angebot allein nicht ausschlaggebend für den Einsatz ist.

Die Herausforderungen aus Schülersicht sind die Gebrauchstauglichkeit, Verständlichkeit und Anschaulichkeit. Für die Beschreibung der Herausforderungen aus Lehrersicht wurden folgende Fragestellungen herausgearbeitet:

- Was ist das Ziel für LehrerInnen, wenn sie das GeoLab.MV benutzen wollen? (kein Selbstzweck, sondern Unterstützung bei der Vermittlung von Lerninhalten)
- Wie werden LehrerInnen befähigt, das GeoLab.MV zum Einsatz zu bringen? (Aufmerksamkeit und Kenntnis des Tools, Zeit, Technik)
- Wie kann ich das GeoLab.MV für die Lehrplaninhalte einsetzen? (Fachlich, Soft Skills)

Abbildung 1: Erster Workshop zur Erarbeitung der Personas und Nutzerreisen, Bildquelle: K. Becker

Weiterhin wurden im ersten Workshop drei Personas erarbeitet, um SchülerInnen und LehrerInnen exemplarisch zu beschreiben und deren jeweilige Nutzerreise aufzuzeigen. Die erarbeiteten exemplarischen Nutzerreisen zeigen die Chancen und Risiken der Nutzung des damals noch zu entwickelnden Projektproduktes auf.

Auf Basis dieser durch den Test gewonnenen Anforderungen, Sichtweisen und Bedürfnisse der LehrerInnen und SchülerInnen wurde das Konzept einer gebrauchstauglichen Geo-Anwendung weiter verbessert und der Prototyp solange angepasst, bis eine optimale, nutzerorientierte Lösung entstand. Es hat sich gezeigt, dass die Methode des Design Thinking für die Betrachtung und Lösung der Fragestellungen des Projektes sehr gut geeignet ist. Ein signifikanter Mehrwert der Methode ist dabei, dass sich ein großes Bewusstsein und Verständnis für die Nutzergruppen entwickelt hat und dass beim Testen ein unmittelbares Feedback von den Nutzergruppen zurückgespiegelt wurde.

4   Vom Prototyp zum GeoLab.MV

Die technische Umsetzung erfolgte zunächst über einen digitalen Prototyp, der in weiteren Workshops getestet und verfeinert wurde. Im Mittelpunkt der Optimierungen stand die Nutzerführung, sodass hierfür der Aufbau der Startseite nochmals geändert wurde sowie eine Guided Tour, drei Erklärvideos und Beispielaufgaben entstanden sind.

Die Erarbeitung von Inhalten der Guided Tour dient zur selbstbestimmten Einführung von SchülerInnen und LehrerInnen in den Umgang mit dem Geo-Lab.MV. Die Guided Tour soll dabei die wichtigsten Navigations-, Bedien- und Informationselemente zeigen. Weiterhin wurden drei Erklärvideos mit illustrierten Animationssequenzen, Grafiken und Bildschirmaufnahmen produziert. Die Videos richten sich primär an SchülerInnen, die die Anwendung noch nicht kennen. Das erste Video stellt die Webseite GeoLab.MV vor. Es werden einige wichtige Kernfunktionen beschrieben, damit die SchülerInnen eine Vorstellung bekommen, was GeoLab.MV ist und was damit getan werden kann. Die zwei weiteren Videos zeigen, welche Wege es gibt, Aufgaben zu finden und wie Aufgaben gelöst werden können.

Die Umsetzung von GeoLab.MV erfolgte in einer ersten minimalen Ausbaustufe mit den zentralen technischen Komponenten der GDI-MV auf Basis der vorhergehend erarbeiteten Bausteine. Dazu wurde die Webumgebung www.geolab-mv.de eingerichtet, das in Workshops erarbeitete Layout umgesetzt, der Geodatenviewer GAIA-MVprofessional 5.x integriert, die Suche eingerichtet sowie eine Datenbank für die Aufgabenverwaltung erstellt. Weiterhin wurden die im Workshop erarbeiteten Aufgaben und digitalen Wandkarten eingepflegt.

Die Plattform GeoLab.MV ist mit Stand 05/2021 noch nicht freigegeben bzw. offiziell veröffentlicht, sodass der derzeitige Entwicklungsstand unter https://www.geolab-mv.de/geolabcm/ eingesehen werden kann.

Abbildung 2: Startseite des GeoLab.MV (Stand 05/2021)

5   Entwicklungsschritte

Die nächsten Entwicklungsschritte im Jahr 2021 liegen in der weiteren technischen Realisierung, der Erarbeitung von Aufgaben in Zusammenarbeit mit LehrerInnen verschiedener Schulformen sowie weiterer inhaltlicher und gestalterischer Anpassungen. Ziel ist eine Produktivschaltung und Veröffentlichung zum Jahresende 2021.

Bei der weiteren Verfolgung der Projektziele soll die sukzessive Ausarbeitung weiterer Aufgaben, idealerweise durch LehrerInnen selbst, und die Integration dieser Aufgaben in die Anwendung im Mittelpunkt stehen. Dafür werden Aufgaben-Patenschaften mit LehrerInnen initiiert. Anhand eines standardisierten Aufgabenformulars sollen dabei die Ideenentwicklung, Konkretisierung und Erfassung von Aufgaben mit einzelnen LehrerInnen erfolgen und durch Telefoninterviews begleitet werden. Nach der Übernahme des Aufgabenentwurfs ins GeoLab.MV kann die Aufgabe dann durch die LehrerInnen selbst bearbeitet und geprüft werden. Dabei auffallende Lösungsschwierigkeiten können somit im Sinne einer Korrekturschleife korrigiert und aktualisiert werden. Im Laufe der Zeit werden dadurch mehr und mehr schultaugliche, geprüfte Aufgaben freigeschaltet werden können.

Ferner sollen die Funktionalitäten des GeoLab.MV ausgebaut und für eine reguläre Nutzung im Schulalltag tauglich gemacht werden. Dies umfasst insbesondere die Einrichtung und Erweiterung der digitalen Wandkarten. Außerdem soll die Prüfung der Gebrauchstauglichkeit und der Barrierefreiheit erfolgen sowie untersucht werden, inwieweit eine Verknüpfung mit vorhandenen Lernmanagementsystemen gelingen kann.

6 Zusammenfassung und Ausblick

Mit der Durchführung des NGIS-Projektes „GAIA-MV für Schulen" wurden die Bedürfnisse der SchülerInnen und LehrerInnen intensiv betrachtet. Im Ergebnis entstand die technische Umsetzung des GeoLab.MV.

Im Laufe der Projektdurchführung ist das große Interesse von SchülerInnen und LehrerInnen an der Nutzung von Geodaten und digitalen Karten mehr und mehr sichtbar sowie der bestehende Bedarf an Anwendungen wie dem GeoLab.MV deutlich geworden.

Für das NGIS-Projekt „GAIA für Schulen" und das Projektergebnis Geo-Lab.MV bedeutet dies, dass eine langfristige Nutzung in der Schullandschaft in M-V wünschenswert wäre und dafür die Nachhaltigkeit der Anwendung betrachtet und sichergestellt werden muss. Entscheidend ist dabei auch die Frage, ob dauerhaft LehrerInnen gewonnen werden können, um Aufgaben zu erstellen und an aktuelle Lehrpläne anzupassen. Eine generell offene Frage im Bildungsbereich ist, wie zukünftig mit digitalen Lerninhalten umgegangen wird und ob diese zertifiziert werden müssen.

Literatur

DVZ M-V GmbH: Ergebnisdokumentation zum Leistungsschein 05 „Public Service Design GAIA in Schulen", Version 1.0, internes Dokument, 2020.
DVZ M-V GmbH: Ergebnisdokumentation zum Leistungsschein 06 „Umsetzung Ausbaustufe 1 – GAIA in Schulen", Version 1.0, internes Dokument, 2020.

Autonom agierende Drohnen für den Objekt- und Perimeterschutz

Christoph Averdung

CPA ReDev GmbH, Auf dem Seidenberg 3a, 3721 Siegburg
ca@supportgis.de

Abstract. CPA nutzt kommerziell verfügbare und im unteren Preissegment angesiedelte Drohnen für die Überwachung von Gebieten, baulichen Anlagen wie Gebäuden oder Sicherheitseinrichtungen oder sonstigen Infrastrukturen. Um diese Aufgaben vollständig autonom auszuführen, übernimmt eine von CPA entwickelte Software (SGJ-Drone) das Starten der Drohne aus und ihr hochpräzises Landen in einer transportablen und mobil aufstellbaren Box – zusammen mit der zielgerichteten Steuerung des Drohnenflugs entsprechend einer im Vorfeld durchgeführten Flugplanung. Durch die kontinuierliche Überwachung aller flugrelevanten Parameter wird zudem eine optimale Risikominimierung erreicht.

1   Einleitung

Drohnen werden heutzutage in ganz unterschiedlichen Aufgabengebieten eingesetzt. Sie unterstützen hochspezialisierte Tätigkeiten in der Vermessung (Geländeaufnahmen), führen die Kontrolle von baulichen Objekten (Windkraftanlagen) durch oder sind im Rahmen des Monitorings von Schadensereignissen (Waldbränden, Überflutungen) unentbehrlich.

Als Einschränkung gilt, dass eine Vielzahl dieser Tätigkeiten nur mit einer manuellen oder bestenfalls semiautomatischen Steuerung der Drohne durchgeführt werden kann. Während ein Start der Drohne noch vollautomatisch initiiert werden kann, sind für eine punktgenaue Landung mit anschließender Stromversorgung i. d. R. hochspezialisierte Landeplattformen mit einer hardwaretechnischen Anpassung der Drohne selbst oder eine für diesen Anwendungsfall speziell konstruierte Drohnen erforderlich. Nur dann kann eine Drohne – von ihrem Start bis hin zu ihrer Landung – vielfach hintereinander autonom betrieben werden.

2 Konzept für den autonomen Drohnenflug

CPA nutzt den Standard von kommerziell verfügbaren und im unteren Preissegment angesiedelten Drohnen für die vollständig autonome Überwachung von Gebieten, baulichen Anlagen wie Leitungstrassen, Gebäuden oder Sicherheitseinrichtungen oder sonstigen Infrastrukturen. Die Bezeichnung „vollständig autonom" bezeichnet eine von CPA entwickelte Technologie, bei der eine oder mehrere Drohnen im Verbund ohne weitere menschliche Unterstützung entweder zielgerichtet oder zu variablen Zeitpunkten Aufgaben der visuellen Objektüberwachung ausführen.

2.1 Eigenschaften der Drohne

Um die Eigenschaften des Fluggeräts zu erhalten und um mögliche Haftungsrisiken auszuschließen, darf für die Realisierung des autonomen Flugbetriebs nicht in die Architektur und in die Hardware des Fluggeräts eingegriffen werden. Daher wurde die Erfüllung der folgenden Leistungsparameter durch die zum Einsatz kommenden Drohnen vorausgesetzt.

- Die Flugeigenschaften der Drohne müssen „von außen gesehen" über klassische Programmiersprachen (JAVA, Python) manipulierbar sein. Im Fokus stehen mindestens die Parameter „Flugroute", „Ausrichtung und Neigung der Kamera", „Übertragung von Video- und Thermalbildern sowie den Telemetriedaten in Echtzeit".
- Die Drohne muss sich über eine handelsübliche Steckverbindung (z. B. USB Typ C) mit Strom versorgen lassen. Ein Eingriff in die verbauten oder in das Drohnengehäuse integrierten Batterien ist ausgeschlossen.

2.2 Eigenschaften der Landeplattform

Sämtliche im Fokus stehende Drohnen sind trotz der bei ihnen vorhandenen Methode des „Präzisen Landens" nicht in der Lage, nach geodätischen Maßstäben und mit einer hohen Wiederholgenauigkeit im Bereich von unter 10 Zentimetern auf einem Punkt der Erdoberfläche reproduzierbar zu landen. Das Erreichen dieser absoluten Genauigkeitsanforderung ist jedoch unabdingbar, um die Drohne nach ihrer Landung erneut mit Strom zu versorgen. Daraus folgt als weitere Anforderung:

- Die Drohne soll vollautomatisch und mit hoher Präzision in einer mit einem Deckel versehenen Box landen. Diese Box soll mit einem typischen Kombi-Pkw transportiert werden können.

Dieser Anforderung entsprechend wurde auf der Grundlage sogenannter Euroboxen eine Kunststoffbox (L:80 x B:60 x H:45 cm) konzipiert, die der Drohne im sogenannten Stand-by-Modus als Wetterschutz und zur Stromversorgung dient. Sie meldet mit ihrer integrierten Elektronik ihren Betriebszustand wie auch den der Drohne (Telemetriedaten) an eine webbasiert implementierte Leitstellensoftware der CPA, empfängt von dieser Software die Flugbefehle und sorgt anhand des jeweiligen Einsatzszenarios für ein kontrolliertes Starten und Landen.

Abbildung 1: Verschiedene Phasen des Landeanflugs der Drohne in die Box

2.3 Eigenschaften der autonomen Drohnenlandung

Damit die Drohne nach ihrem Einsatz ihren Akku aufladen kann, landet sie mit ihren aus dem Ladestecker der Drohne abgeleiteten Stromabnehmern mit maximaler Genauigkeit auf den elektrischen Polen einer in die Box hinein integrierten Landeplattform. Dazu übernimmt ein Algorithmus in der Leitstellensoftware die Flugsteuerung der Drohne. Zu diesem Zweck wird das in die Box integrierte und bei Dämmerlicht und in der Nacht beleuchtete Landepattern von der Drohne während der Landephase kontinuierlich abgefilmt. Die Leitstellensoftware ermittelt fortlaufend die Abweichung von der idealen Landeposition und teilt dies den Drohnen in Form korrigierender Flugbefehle mit. Das Ziel, die Drohne mit einer Genauigkeit von ± 5-8 cm in der Box und zugleich auf den beiden auf

der Landeplattform angebrachten elektrischen Polen (+/-) zu positionieren, wird
so erreicht.

3   Planung der Flugrouten

Für die Einsatzplanung der Drohnenflüge wird auf 3D-Stadt- und Landschaftsmodelle, digitale Oberflächenmodelle, Informationen zur Vegetation u. v. m.
zurückgegriffen. Daten von Industrieanlagen oder sonstigen besonderen Bauwerken, aber auch die Daten sonstiger Flächensysteme (Stichwort: Geofence)
werden aus entsprechenden Datenbeständen digital übernommen. Typische
Datenformate sind CityGML, BIM (ifc), NAS (AAA-GeoInfoDok), Autodesk-
DXF oder ESRI-Shape. Eine Vorverarbeitung über die GIS-Werkzeuge der
CPA harmonisiert diese Daten, die dann als Grundlage für die Festlegung vor-
konfigurierter Flugrouten dienen. Dazu erfolgt eine Unterscheidung in die Kategorien „Sensoralarm", „Perimeterschutz" und „Überwachung".

In der Kategorie „Sensoralarm" werden die alarmgebenden Sensoren mit ihrer
Geoposition und einer aus der Einbruchmeldeanlage stammenden, eindeutigen
Bezeichnung digitalisiert oder aus digitalen Plänen übernommen. Die Kategorie
„Perimeterschutz" umfasst Zäune oder sonstige Grenzen. Diese werden, sofern
sie über eigene Sensoren für z. B. eine Berührung oder eine Beschädigung verfügen, in einzelne, eindeutig bezeichnete Segmente aufgeteilt. Jedem Sensor wie
auch jedem Segment wird eine individuelle Flugroute zugeteilt, die im Falle
eines Alarms abgeflogen werden soll. Dazu werden jeweils die Flughöhe der
Drohne an den Wegpunkten, ihre Fluggeschwindigkeit und die Ausrichtung der
Video- und Wärmebildkameras mit der Verweildauer am Wegpunkt digitalisiert. Die Kategorie „Überwachung" lässt Drohnen in regelmäßigen oder unre-
gelmäßigen Abständen entlang zuvor digitalisierte Objekte fliegen. Auch für
diese Kategorie werden die zuvor beschriebenen Parameter erfasst.

Neben den Flugrouten werden auch die zum Einsatz kommenden Drohnen mit
ihren Eigenschaften registriert. Alle diese Informationen bilden zusammen mit
den während des Fluges entstehenden Telemetriedaten die Grundlage einer
sogenannten „Schwarmintelligenz". Ein Algorithmus entscheidet z. B., welche
Drohne aufgrund ihrer Nähe zum Zielobjekt die am besten geeignete ist, ob
aufgrund mangelnder Akkukapazität eine weitere Drohne aufsteigt und den
Auftrag der vorherigen übernimmt, oder ob mehrere Drohnen gleichzeitig ein
Objekt anfliegen, bei dem es kurz hintereinander zu verschiedenen Sensoralar-
men gekommen ist.

4 Risikobewertung

Autonom agierende Drohnenflüge mit ihrem Betrieb außerhalb der direkten Sicht eines Fernpiloten (beyond visual line of sight operation, BVLOS) sind in die „Spezielle Kategorie" der „DURCHFÜHRUNGSVERORDNUNG (EU) 2019/947 DER KOMMISSION vom 24. Mai 2019 [DVO] über die Vorschriften und Verfahren für den Betrieb unbemannter Luftfahrzeuge" einzuordnen und damit nach Art. 12 dieser Verordnung genehmigungspflichtig.

Entsprechend ist eine Risikobewertung für diese Art des Drohnenfluges durchzuführen. Diese Bewertung geschieht entweder nach Maßgabe eines „Predefined Risk Assessment (PDRA)" [PDRA] oder muss nach Art. 11 der genannten Durchführungsverordnung vorgenommen werden. Dazu kann als Bewertungsansatz das „Specific Operations Risk Assessment" (SORA)" [SORA] für die Reduktion des Einsatzrisikos für Personen am Boden oder des übrigen Luftverkehrs herangezogen werden.

CPA minimiert das bei dem Einsatz von Drohnen existierende Risiko durch die Implementation der folgenden Maßnahmen:

- Durch die im Vorfeld durchgeführte sorgfältige Planung der Flugrouten kann der Flug über unternehmenskritischen Gebäuden, Anlagen oder sonstigen Einrichtungen a priori vermieden werden.
- Während des Fluges kann das die Leitstellensoftware bedienende Personal gezielt einzelne Wegpunkte anfliegen, die Geschwindigkeit der Drohne variieren und ihre Kameraausrichtung und deren Neigung in bestimmten Winkelbereichen verändern. Diese Interaktionen können nur entlang der Flugroute vorgenommen werden.
- Die interaktive Steuerung der Drohne über die Leitstandsoftware (auch unabhängig von der Flugroute) ist möglich. Diese Funktion wird jedoch in Deutschland nur im Rahmen des Genehmigungsverfahrens freigeschaltet.
- Kontinuierlich alle 15 Minuten wie auch separat vor jedem Start einer Drohne werden die Drohne wie auch die Funktionen der für das sichere Starten und Landen der Drohne aus und in der Box relevanten Funktionen der Box per Systemcheck überprüft. Dieser umfasst vor dem Start der Drohne u. a. den Check von Außentemperatur, Windgeschwindigkeit, Kommunikationsfähigkeit und Ladezustand der Drohnenbatterie.
- Während des Drohnenflugs wird der Batteriestand kontinuierlich über die Telemetriedaten überwacht. Sobald der Ladezustand unter einen die

Rückkehr zur Box gefährdenden Wert sinkt, wird automatisch der Rückflug eingeleitet.

- Vor dem Landen der Drohne werden mindestens die Parameter Windgeschwindigkeit, Deckelantrieb und Beleuchtung des Landepatterns geprüft. Sollte einer der Parameter ein Fehlverhalten zeigen, erfolgt die Landung der Drohne neben der Box auf der Ausweichlandefläche.

- Bei einem Abbruch der Kommunikationsverbindung zwischen Drohne und der sie mit Daten versorgenden Drohnenkonsole wird nach 10 Sekunden die kontrollierte Rückkehr zur Startposition eingeleitet. Dazu steigt die Drohne auf eine zuvor konfigurierte sichere An- und Abflughöhe vom Zielort auf. Dadurch wird die Kollision mit künstlichen oder natürlichen Hindernissen vermieden. Die Drohne landet anschließend auf der Ausweichlandefläche neben ihrer Box.

Abbildung 2: Simulation des Drohnenfluges einschließlich Ausrichtung/Neigung der Kamera

Um das Verhalten der Drohne während ihres Fluges im Vorfeld testen zu können, wurde ein Drohnen-Flugsimulator entwickelt. Seine Datenbasis sind die für die Flugplanung herangezogenen 2D-/3D-Geodaten. Simuliert werden Start-, Flug-, Überwachungs- und Landeoperationen von einer oder zeitgleich auch mehreren Drohnen. Die von den Drohnenkameras abzutastenden Objektbestandteile und Gebiete werden bei unterschiedlichen Fluggeschwindigkeiten visualisiert. So ergibt sich ein realistischer Eindruck der späteren Videoaufnahmen. In dem Flugsimulator lassen sich auch Korrekturen an der späteren Flugbahn und an der gewünschten Ausrichtung der Kameras vornehmen und speichern.

5 Aktuelle Forschung

Der KI-unterstützten Auswertung von durch Drohnen autonom aufgenommenen Video- und Thermalbildern wird für die Zukunft eine immer größere Bedeutung eingeräumt. Die Spanne reicht von der automatischen Identifikation von Personen, die sich unberechtigt in einem Areal aufhalten, über die Unterstützung von Maßnahmen zum Arbeitsschutz durch das Erkennen personengefährdender Gegenstände in Baustellen bis hin zur Überprüfung des Brandschutzes innerhalb von Gebäuden, bei der kontinuierlich Gänge und Flure überwacht und darüber automatisch Differenzen zwischen den einzelnen Flügen entdeckt werden.

CPA selbst forscht aktuell an der Identifizierung von Personen in bewegten Videobildern. Das Ziel ist die automatisierte Nachverfolgung von Personen durch die KI-gesteuerte Nachsteuerung der Drohnenkamera, wobei sich die Drohne weiterhin entlang der ihr vorgegebenen Route bewegt.

Abbildung 3: Identifizierung von bewegten Objekten durch Echtzeit-Bildvergleich

6 Produktfamilie SGJ-Drone

Unter der Produktbezeichnung SGJ-Drone bietet CPA die Hardware- und Softwarekomponenten für den kontrollierten, aber auch interaktiven Flug von Drohnen an. Das Datenmanagement, die Übergabe der Fluginformation an die Drohnen, die Live-Visualisierung der Drohnenflüge nebst Telemetriedaten und die Möglichkeiten zum interaktiven Eingreifen in den Drohnenflug (bis hin zur kompletten Flugsteuerung) übernimmt als Leitstelle die Komponente SGJ-DroneManagement. Die Komponente SGJ-DroneSimulator überprüft und korrigiert die Flugbahnen der Drohnen sowie die einzelnen Kamerasichten. Die Ausführung aller an die Drohne gerichteten „Befehle" und die Steuerung der Elektronik der Drohnenbox (Deckelmechanik, Beleuchtung, Belüftung etc.) geschieht über die auf der Konsole der Drohne installierten Android-App SGJ-MobileDrone.

7 Zusammenfassung

Aufgrund der vollständigen Autonomie kann SGJ-Drone für ganz unterschiedliche Aufgaben eingesetzt werden: im Rahmen der klassischen Objekt- und Perimeterüberwachung, aber auch beim Echtzeit-Monitoring von Schadensereignissen. Dazu wird eine Anzahl von Drohnenboxen gezielt z. B. über ein Stadtgebiet verteilt. Bei einem Alarm oder einer sonstigen Interaktion werden dann eine oder mehrere Drohnen für das zielgerichtete Abfliegen einzelner Objekte und Gebiete (z. B. Brandereignisse oder unübersichtliche Park- und Industrieanlagen; bei Tag oder Nacht) aktiviert. Bei minimaler Rüstzeit erreichen die Drohnenvideos die Rettungskräfte bereits auf dem Weg zum Einsatz. Lageinformationen zu diesem frühen Zeitpunkt können entscheidend dazu beitragen, die Koordination eines Einsatzes durch die Leitstelle zu verbessern.

Literatur

[DVO]   DURCHFÜHRUNGSVERORDNUNG (EU) 2019/947 DER KOM-MISSION vom 24. Mai 2019 (https://eur-lex.europa.eu/legal-content/DE/TXT/PDF/?uri=CELEX:32019R0947&rid=1).

[PDRA] Pre-defined Risk Assessment (PDRA) (https://www.easa.europa.eu/newsroom-and-events/news/milestone-achieved-safe-drone-operations-europe).

[SORA] Specific Operations Risk Assessment (SORA) (https://www.easa.europa.eu/sites/default/files/dfu/EU_UAS_Regulation_specific-category.pdf).

Firmendarstellungen

beMasterGis

CPA ReDev GmbH

Cyclomedia Deutschland GmbH

deeeper.technology GmbH

DVZ Datenverarbeitungszentrum M-V GmbH

infrest – Infrastruktur eStrasse

LAiV M-V

Lehmann + Partner GmbH

Hochschule Anhalt, FB 3, IGV

06846 Dessau-R., Bauhausstraße 8

Telefon: 0340/51971573, Fax: 0340/5197/3733

E-Mail: master-gis@afg.hs-anhalt.de

Internet: www.beMasterGIS.de

ONLINE-MASTERSTUDIENGANG „BEMASTERGIS"

Aufgrund rasend schnellen technischen Entwicklung verspüren viele Fachanwender von Geoinformationssystemen (GIS) den Wunsch, hier eine dezidierte Ausbildung vorzunehmen. Deshalb wurde im Jahre 2010 der Online-Masterstudiengang Geoinformationssysteme an der Hochschule Anhalt (Campus Dessau) aus der Taufe gehoben. Angesprochen fühlen sich Anwender von Geoinformationssystemen, die in der kommunalen Verwaltung, im Planungsbereich, im Umwelt- und Naturschutz, in der Versorgungswirtschaft, im Marketing und anderen Bereichen arbeiten oder die Verbindung zu GIS mit ihrem persönlichen Arbeitsumfeld planen. Das fünfsemestrige Fernstudium entspricht in Qualität, Umfang und Wertigkeit einem Direktstudium.

Charakteristisch für diesen Online-Weiterbildungsstudiengang ist der hohe Anteil an betreutem Selbststudium (90 % der Studieninhalte sind internetfähig aufbereitet). Die Teilnehmer studieren über eine moderne Lernplattform, unabhängig von Hörsaal und Lehrveranstaltungen ganz nach ihren individuellen Bedingungen. Das Lerntempo und die Intensität bestimmen sie während der Selbstlernphasen überwiegend selbst. Diese werden pro Semester zweimal durch Präsenzphasen an je einem Wochenende unterbrochen. Die derzeit über 65 eingeschriebenen Studierenden kommen aus dem gesamten Bundesgebiet, einige sogar aus der Schweiz und Frankreich. Das Durchschnittsalter beträgt etwa 32 Jahre. Und obwohl in den Ingenieurwissenschaften eher weniger weibliche Beschäftigte arbeiten, studieren in diesem Studiengang ca. 40 % Frauen. Interessierte werden für das Online-Masterstudium GIS zugelassen, wenn sie einen ersten akademischen Abschluss sowie mindestens ein Jahr Berufserfahrung im Umfeld von Geoinformationssystemen nachweisen. Der Studienbeginn ist jeweils Ende September eines jeden Jahres.

Weitere Informationen zum Studium finden Sie hier: http://www.bemastergis.de/

STUDIENVORAUSSETZUNGEN

Ein qualifizierter Hochschulabschluss in einem Bachelor- oder Diplomstudiengang mit einer Regelstudienzeit von mindestens sieben Semestern (sechs Semester möglich bei Belegung von Zusatzmodulen) sowie eine darauf aufbauende qualifizierte berufspraktische Erfahrung nicht unter einem Jahr.

Die Zulassung erfolgt nach einem Feststellungsverfahren.

STUDIENSCHWERPUNKTE

- Grundlagen und Anwendung von GIS
- Fernerkundung
- Mathematische Methoden in Geodäsie und GIS
- Modellierung und Analyse
- Visualisierung von Geodaten
- Datenbanken und Geodatenbanken
- Kartografie
- Geodateninfrastrukturen
- Wahlpflichtmodule, so beispielsweise: Raum- und Umweltplanung, Projektmanagement, Führungsqualifikation, Web Mapping, multisensorale Fernerkundungsanalyse

CPA ReDev GmbH

53721 Siegburg, Auf dem Seidenberg 3a

Telefon: 02241/25940, Fax: 02241/259429

E-Mail: mail@supportgis.de

Internet: http://www.cpa-redev.de

CPA ReDev stellt sich vor

Die CPA ReDev GmbH ist ein Software-Unternehmen der Geoinformations-wirtschaft mit nationalen und internationalen Tätigkeitsfeldern.

Das Unternehmen ist in Siegburg ansässig. CPA verfolgt die Entwicklung und Vermarktung von Softwareprodukten, die durch den Einsatz moderner, normen-konform und datenbankgestützt arbeitender Technologien entstehen. Im aktuellen Fokus befinden sich

- OGC- und ISO-konforme nD-Datenbank- und Client-Lösungen,
- 3D-Stadt- und Landschaftsmodelle,
- mobile GIS für die Datengewinnung (auch ohne Internet),
- mobile Offroad-Fahrerassistenzsysteme,
- autonom agierende Drohnen für den Objekt- und Perimeterschutz und
- das Amtliche Liegenschaftskataster (ALKIS®).

CPA nutzt für ihre stationären (Client-Server) wie auch für mobile Anwendungen SupportGIS als Basistechnologie. Darüber hinaus fließt das in nationalen und internationalen Projekten erworbene Know-how in die Softwareentwicklung mit ein.

Es ist das Bestreben der CPA, mit innovativen Lösungen jeweils an der technologischen Spitze des Marktsegmentes der Geoinformationswirtschaft zu stehen. Die folgenden Produktlinien stehen für diesen Einsatz:

- SGJ-3D   Führung von 3D-Stadtmodellen
- SGJ-Mobile(GIS)   Mobiles (Geo)Informationssystem
- SGJ-Drone   Management autonom agierender Drohnen
- SGJ-Wheeltracker   Mobiles Offroad-Fahrerassistenzsystem
- SGJ-ALKIS   Amtliches Liegenschaftskataster

LEISTUNGSSPEKTRUM

Die CPA ReDev GmbH ist ein Software-Unternehmen der GIS-Branche. Es ist hochspezialisiert auf die Entwicklung von Software, die auf die Bewältigung und Führung von großen bis sehr großen Geodatenbeständen ausgerichtet ist.

Dazu werden mehrdimensionale und datenbankgestützt arbeitende Programmsysteme mit bis zu fünf Zeitebenen entwickelt, die hochkomplexe und auch sicherheitskritische Anforderungen im Bereich der Datenbereitstellung, der Daseinsvorsorge und dem Klimaschutz anwendungsbezogen und kundenspezifisch umsetzen.

THEMENSCHWERPUNKTE

Schwerpunkte der Entwicklung sind Programmsysteme mit komplexen Datenstrukturen und großen Datenvolumina. Stellvertretend dafür stehen Anwendungen aus den Bereichen 3D-Stadtmodelle (CityGML), Amtliches Liegenschaftskataster (ALKIS), forstliche Großrauminventur- und Planungssysteme (ForestGML) und die Verwaltung weltweit verfügbarer Topografiedaten in verschiedenen Dimensionen, Auflösung bzw. Detaillierungsgraden.

Einen breiten Raum nimmt seit einigen Jahren die Entwicklung mobiler Informationssysteme ein. Die Bandbreite reicht vom mobilen GIS über die sensorgesteuerte Offroad-Fahrerassistenzsysteme bis zur Steuerung autonom agierender Drohnen. Neu sind Werkzeuge für das Management von Audit- und Assessmentprozessen.

REFERENZEN

- Bundesamt für Ausrüstung, Informationstechnik und Nutzung der Bundeswehr (BAAINBw) (SGJ-Wheeltracker)
- Bundesland Mecklenburg-Vorpommern (SGJ-ALKIS)
- Bundesland Baden-Württemberg (SGJ-ALKIS)
- Boehringer Ingelheim Pharma GmbH & Co. KG (SGJ-Drone)
- SPIE Deutschland & Zentraleuropa GmbH (SGJ-Mobile)
- Siemens AG (SGJ-Mobile)

cyclomedia

Cyclomedia Deutschland GmbH

35578 Wetzlar, An der Kommandantur 3

Telefon: 06441-44932-0, Fax: 06441-44932-24

E-Mail: info-de@cyclomedia.com

Internet: cyclomedia.de

CYCLOMEDIA STELLT SICH VOR

Die Cyclomedia Deutschland GmbH ist eine Tochtergesellschaft der Cyclomedia Technology B.V., einer niederländischen Firma mit Sitz in Zaltbommel. Das Unternehmen entwickelt, baut und betreibt die weltweit fortschrittlichsten Mobile-Mapping-Systeme. Infolge des einzigartigen, von Cyclomedia entwickelten Aufnahme- und Verarbeitungsverfahrens bestechen die 360°-Panoramabilder (Cycloramas) durch eine hohe metrische Genauigkeit. Dadurch sind 3D-Messungen mit nur einem Klick direkt in den Cycloramas über die eigens entwickelte Anwendung Street Smart möglich. Die georeferenzierten Cycloramas und Laserscandaten dienen als Grundlage für den digitalen Zwilling von Städten oder Versorgungsgebieten. Cyclomedia bietet einen innovativen Ansatz für Vermessungsarbeiten vom Computer aus, effizienten Netzausbau, digitale Stadtplanung, optimierte interne Kommunikation und unzählige weitere Anwendungsgebiete.

Cyclomedia greift auf fast 40 Jahre Erfahrung im Bereich Mobile Mapping zurück. Mit 270 Mitarbeitern weltweit wurden mit den 55 zur Verfügung stehenden Aufnahmeeinheiten bisher mehr als 2 Millionen Panoramabild-Kilometer erfasst. Neben dem Hauptsitz in Zaltbommel (NL) gibt es Niederlassungen in San Rafael (USA) und im mittelhessischen Wetzlar.

LEISTUNGSSPEKTRUM

Neben den 3D-Panoramabildern kann eine orthogonale Aufsicht auf den Straßenraum generiert werden. Zudem ist die Einbindung der erfassten LiDAR-Punktwolke möglich.

Durch innovative KI-gestützte Analysen extrahiert Cyclomedia aus den Bild- und Laserscandaten weitere Informationen, wie Katasterdaten oder die digitale Realflächenkartierung. Neben der Inventarisierung vieler Geoobjekte wie Straßenleuchten, Verkehrszeichen, Hydranten oder Schieber sind auch visuelle Straßenzustandserfassungen möglich.

Die Daten werden über die eigens entwickelte cloudbasierte Software Street Smart bereitgestellt. Darüber hinaus können die Daten auch in der Street Smart App auf jedem portablen System genutzt werden.

Über die Street Smart API sind Softwarefunktionalitäten und 3D-Cycloramas bzw. LiDAR-Daten in die führenden GIS integrierbar.

THEMENSCHWERPUNKTE

Im Laufe der Jahre wurden die Lösungen von Cyclomedia weiterentwickelt. Während die Bilder anfänglich vor allem zur Visualisierung und für Messungen genutzt wurden, dienen sie nun als wichtiges Werkzeug bei der Entwicklung einer Stadt zu einer Smart City mittels automatisierter Erkennung verkehrsrelevanter Objekte in den Panoramabildern. Auf Basis der Aufnahmen werden so flächendeckende digitale Informationen für Verkehrskonzepte aus den Bildern generiert, um sich einem der wichtigsten Themen für die Stadt der Zukunft zu stellen: Mobilität und Verkehr.

Neben dem Mobility-Pack bietet Cyclomedia seit einigen Monaten außerdem das Utility-Pack, das Produktpaket für Stadtwerke und überregionale Energieversorger. Ebenfalls durch automatisierte Objekterkennung bietet es den digitalen Zwilling des Versorgungsgebietes und gibt Auskunft über Anzahl, Standort und Zustand der für den Sektor relevanten Betriebsmittel, wie beispielsweise Straßenabläufe, Verteilerschränke oder Versorgungsschächte.

REFERENZEN

Zahlreiche Stadtwerke, Großstädte, Energieversorger und Telekommunikationsunternehmen haben sich in Deutschland bereits für eine Zusammenarbeit mit Cyclomedia entschieden. Fast 30 Städte über 100.000 Einwohner nutzen in Deutschland flächendeckende Panoramabilder von Cyclomedia. Darunter befinden sich Städte wie Köln, Frankfurt am Main, Berlin, Hamburg oder Stuttgart, wobei einige von ihnen bereits auf mehrere Generationen von Panoramabildern zurückgreifen können. Die Anwendungsfälle variieren zwar von Nutzergruppe zu Nutzergruppe, doch die digitalen Bildlösungen von Cyclomedia sind längst ein akzeptiertes Arbeits- und Planungswerkzeug in der Branche.

Zudem nutzen viele regionale Versorgungsunternehmen und Stadtwerke die Cyclomedia-Daten als Planungsgrundlage oder im Bereich der Dokumentation. Dazu zählen unter anderem die MVV, Syna, Netze BW oder die ovag.

deeeper.technology GmbH

Carl-Hopp-Str 19a, 18069 Rostock

Telefon: 0176/80592666

E-Mail: kontakt@deeeper-technology.de de

Internet: deeeper-technology.de

DEEEPER.TECHNOLOGY STELLT SICH VOR

Die deeeper.technology GmbH schafft eine Geo-KI, die jeden Zentimeter der Erdoberfläche vollautomatisch und skalierbar klassifizieren kann.

deeeper.technology wurde 2020, mit der wissenschaftlichen Begleitung von Prof. Ralf Bill, aus dem EXIST-Förderprogramm für hochinnovative Unternehmen ausgegründet. Wir nutzen Neuerungen in der maschinellen Bilderkennung, speziell im Bereich Deep Learning, für die automatisierte Auswertung von Geodaten. Im ersten Jahr der Geschäftstätigkeit sind wir von ursprünglich zwei KI-Experten und einem Betriebsökonomen auf ein Team von zehn spezialisierten Mitarbeitern gewachsen.

Entstanden ist unsere Geo-KI Kassandra, mit der wir vollautomatisiert und flächendeckend die Landbedeckung aus digitalen Orthophotos und multispektralen Satellitenbildern ableiten. Aufbauend auf dieser Technologie bieten wir bundesweit unter anderem folgende Dienstleistungen an:

Landbedeckung klassifizieren: zentimetergenau aus DOP und Sentinel-2

Versiegelte Flächen: vollständige Erhebung und Unterscheidung in Hoch- und Tiefbau

Leadgenerierung PV: Klassifizierung von Gebäuden nach ihrem Solarpotenzial

Klassifizierung der Landbedeckung

Versiegelte Flächen in Hoch-/Tiefbau

- Klassifizierung der Landbedeckung
- Versiegelte Flächen
    - erstmalig unabhängig ermittelt
    - nach Hoch- und Tiefbau unterscheiden
- Dach-/Hausumringe
    - vermessen
    - Differenzen mit Kataster aufzeigen
    - Solarpotenziale heben
- Forste und Wälder
    - vermessen
    - klassifizieren
- Gewässer und Küsten
    - vermessen
    - beobachten
    - Verschmutzung detektieren

REFERENZEN

Zusammenarbeit mit verschiedenen Landesämtern, Recycling- und Abwasserunternehmen sowie Energieversorgern und Leitungsnetzbetreibern

DVZ Datenverarbeitungszentrum M-V GmbH

19059 Schwerin, Lübecker Straße 283

Telefon: 0385/48000, Fax: 0385/4800487

E-Mail: marketing@dvz-mv.de

Internet: www.dvz-mv.de

DVZ STELLT SICH VOR

Die DVZ Datenverarbeitungszentrum M-V GmbH ist der IT-Service-Provider der Landesverwaltung Mecklenburg-Vorpommern mit Sitz in Schwerin. Unsere mehr als 550 hochqualifizierten Mitarbeiterinnen und Mitarbeiter nutzen täglich verschiedenste Kompetenzen, um Verwaltungs-Know-how mit zukunftsorientierter Informations- und Kommunikationstechnologie zu verbinden. Denn als langjähriger Partner des öffentlichen Sektors stehen wir gemeinsam vor der Herausforderung, die Verwaltung mit modernsten IT-Lösungen auf dem Weg zum rund-um-die-Uhr-erreichbaren Bürgerdienstleister zu begleiten.

Dabei haben Anforderungen nach höchstmöglicher Sicherheit, uneingeschränktem Datenschutz und permanenter Verfügbarkeit für unser Handeln oberste Priorität. Sie sind Maßstab für die Entwicklung zukunftsweisender, durchgängig vernetzter und medienbruchfreier Dienste, aber auch für den Betrieb des eigenen Rechenzentrums. Consulting- und Compliance-Leistungen gehören ebenso zu unseren Kernkompetenzen wie der Betrieb sicherer Kommunikationsinfrastrukturen oder die Entwicklung eigener Applikationen, Dienste und Servicemodelle. So sind durch uns entwickelte, betreute und betriebene Fachapplikationen beispielsweise in den Bereichen Justiz, Innere Sicherheit, Personenstandswesen oder Geoinformation vollumfänglich in die Arbeit der Verwaltung integriert und in einer zunehmend mit dem Bürger vernetzten Verwaltung nicht mehr wegzudenken.

Unsere Kernkompetenzen liegen unter anderem in den Geschäftsfeldern:

- It-Consulting
- It-Compliance und Security
- Fachapplikationen
- Managed Services
- Sicherheitsinfrastrukturen
- Rechenzentrum
- Zentrale Beschaffung
- Technischer Service

- Seminare und Trainings

LEISTUNGSSPEKTRUM BEREICH GEOINFORMATION

- Aufbau und Betrieb von Geodateninfrastrukturen
- Konzeption und Entwicklung von WebGIS-Fachanwendungen für verschiedenste Fachgebiete
- Betrieb und Betreuung von vernetzten Geoinformationssystemen und Geoservern und deren Fachanwendungen
- Schulung und Beratung zu Geoinformationssystemen und -themen
- Mitarbeit in Vereinen und Netzwerken der Geoinformationswirtschaft M-V

THEMENSCHWERPUNKTE

- Betrieb und Weiterentwicklung der Geodateninfrastruktur M-V
  - GeoPortal.MV
  - Metainformationssystem
  - GAIA-MVlight und GAIA-MVprofessional
  - GeoWebDienste nach OGC, GDI-DE und INSPIRE
  - Sicherheits- und Abrechnungsstrukturen
  - Vernetzung mit anderen Geodateninfrastrukturen
- Entwicklung und Betrieb von WebGIS-Fachapplikationen
- Lösung (API) zur Integration von Geodaten in Web-Präsentationen
- Betrieb und Betreuung der zentralen Datenbanken für Geobasisdaten (ALKIS, ATKIS, AFIS)
- Aufbereitung und Abgabe von Geodaten an Nutzer

REFERENZEN (AUSWAHL)

- Landesamt für innere Verwaltung M-V
- Landesforst Mecklenburg-Vorpommern
- Ministerium für Wirtschaft
- Landesamt für Straßenbau und Verkehr
- Landgesellschaft Mecklenburg-Vorpommern mbH

infrest – Infrastruktur eStrasse

10829 Berlin, Torgauer Straße 12-15

Telefon: 030/22445258-45

E-Mail: g.stass@infrest.de

Internet: www.infrest.de

INFREST STELLT SICH VOR

Der Baustellenatlas liefert den Infrastrukturbetreibern und der öffentlichen Bauverwaltung einen georeferenzierten Überblick zu allen geplanten Baumaßnahmen, Aufgrabeverboten und Veranstaltungen im Einzugsgebiet. Als zentrale IT-Plattform ermöglicht er unternehmensübergreifend eine Koordinierung sämtlicher mittel- und langfristig geplanter Baumaßnahmen. Netzbetreiber, Kommunen, ÖPNV können ihre Bauaktivitäten so bereits während der Planungsphase eng miteinander verzahnen und Synergien nutzen.

Der infrest Baustellenatlas wird als Software as a Service (SaaS) bereitgestellt. Er ermöglicht den Nutzern ohne großen Vorlauf einen direkten und schnellen Zugang zu allen im System hinterlegten Bauinformationen. Die Daten zu den geplanten Baumaßnahmen können von den teilnehmenden Netzbetreibern entweder per Schnittstelle aus den im Einsatz befindlichen Geoinformationssystemen (GIS) als Shape-Daten in das System überführt oder on screen erfasst werden. Auch ein späterer Export mit den Planungsdaten anderer Netz- bzw. Baustellenbetreiber in das hauseigene GIS-System ist über die Schnittstelle jederzeit möglich.

Den einzelnen Sparten (Strom, Gas, Wärme, Wasser etc.) werden im System eigene Farben zugewiesen, sodass sehr einfach ersichtlich ist, mit welchen Netzbetreibern wo Überlappungen bestehen. Anhand der Karte sind die Ausdehnung sowie der Status der Baumaßnahme ersichtlich. Für jede Baumaßnahme wird im System ein direkter Ansprechpartner im jeweiligen Unternehmen hinterlegt, der für eine Koordination der Bauplanung ansprechbar ist. Zusätzlich werden die Ansprechpartner per E-Mail automatisch über neu hinterlegte Planungen mit Koordinierungspotenzial informiert. Über ein Dashboard ist der Koordinationsstatus der geplanten Baumaßnahmen jederzeit ersichtlich.

LEISTUNGSSPEKTRUM

Die infrest – Infrastruktur eStrasse GmbH entwickelt und betreibt innovative Softwarelösungen und Dienstleistungen zur effizienten Leitungsauskunft und dem digitalen Baustellenmanagement. Ziel ist eine Beschleunigung der vorausschauenden Planungsprozesse von Tiefbaumaßnahmen. Die webbasierten Softwarelösungen und Online-Dienstleistungen vereinfachen die Vermittlung von Leitungsanfragen und -auskünften und sorgen für eine bessere Vernetzung von Infrastrukturbetreibern, Wirtschaft und öffentlicher Verwaltung. Die infrest wurde 2010 als Tochter der NBB Netzgesellschaft Berlin-Brandenburg mbH & Co. KG, der Vattenfall Wärme Berlin und der Stromnetz Berlin gegründet. Ihre IT-Lösungen sind inzwischen deutschlandweit bei mehr als 10.000 Kommunen, Netzbetreibern und Bau- und Planungsunternehmen im Einsatz.

THEMENSCHWERPUNKTE

Das infrest Leitungsauskunftsportal hat sich als führende Online-Plattform zur Erstellung und Bearbeitung von Leitungsanfragen zum „Wikipedia der deutschlandweiten Leitungsauskunft" entwickelt. Allein im Jahr 2020 wurden deutschlandweit rund 640.000 Leitungsanfragen und Meldungen über das infrest-Portal versendet und revisionssicher archiviert. Zur effizienten Bearbeitung eingehender Leitungs- und Genehmigungsanfragen bei den Ver- und Entsorgungsunternehmen und Behörden wurde als Ergänzung die direkt an das Leitungsauskunftsportal angeschlossene infrest-Auskunftsdatenbank entwickelt. Ein breites Spektrum von Dienstleistungsangeboten sowie weitere passgenaue Softwarelösungen zur Baustellenkoordinierung und -information verbessern die Zusammenarbeit der Netzbetreiber mit den Planungs- und Bauunternehmen und der öffentlichen Verwaltung nachhaltig.

Der infrest-Baustellenatlas ermöglicht Infrastrukturbetreibern und kommunalen Behörden, ihre Bautätigkeiten bereits in einer sehr frühen Planungsphase zu koordinieren und so gemeinsame Synergie- und Einsparpotenziale zu nutzen. Dank eines ganzheitlichen Ansatzes schafft das infrest-Baustellen-Informations-System seit 2018 für die Bürger und Anwohner mehr Transparenz über laufende Tiefbautätigkeiten im städtischen Raum. Das sorgt für eine höhere Akzeptanz von Sanierungs- und Reparaturarbeiten im Straßen- und Tiefbau.

REFERENZEN

Die Softwarelösungen der infrest sind deutschlandweit bei Infrastrukturbetreibern, Kommunen und Bau- und Planungsunternehmen unterschiedlicher Größe im Einsatz. Bei Interesse benennen wir Ihnen gern zufriedene Referenzkunden.

LAiV M-V / AFGVK Amt für Geoinformation, Vermessungs- und Katasterwesen

19059 Schwerin, Lübecker Str. 289

Telefon: 0385/58856860

E-Mail: geodatenservice@laiv-mv.de

Internet: www.laiv-mv.de

AFGVK M-V STELLT SICH VOR

Das Amt für Geoinformation, Vermessungs- und Katasterwesen (AfGVK) im Landesamt für innere Verwaltung ist die für das amtliche Vermessungswesen des Landes zuständige obere Vermessungs- und Geoinformationsbehörde. Aufgabe des amtlichen Vermessungswesens ist es, die Geobasisdaten für die Landesfläche zu erheben und landesweit nachzuweisen.

Geobasisdaten beschreiben die Erscheinungsform der Erde (Topographie) und die Liegenschaften (Flurstücke und Gebäude) mit ihren grundstücksgleichen Rechten. Sie sind in einem einheitlichen Raumbezug definiert und haben für die vielfältigen Bedürfnisse von Politik, Verwaltung und Wirtschaft eine herausragende Bedeutung. Geobasisdaten werden u. a. für die Erhebung, den Nachweis und die Präsentation von Geofachdaten benötigt.

Die Topographie der Erdoberfläche wird im Amtlichen Topographisch-Kartographischen Informationssystem (ATKIS) geführt und für vielfältige Nutzungen angeboten. Bestandteile von ATKIS sind neben den Digitalen Landschaftsmodellen (DLM) und den Digitalen Geländemodellen (DGM) auch die Digitalen Oberflächenmodelle (DOM), die Digitalen Orthofotos (DOP) und die Digitalen Topographischen Karten (DTK).

Die Daten über Liegenschaften werden im Amtlichen Liegenschaftskataster-Informationssystem (ALKIS) geführt.

Die Geobasisdaten sind Teil der Geodateninfrastruktur Mecklenburg-Vorpommerns (GDI-MV).

Das Amt ist darüber hinaus Aufgabenträger unter anderem der:

- Geschäftsstelle des Prüfungsausschusses für das 1. Einstiegsamt der Laufbahngruppe 2 des technischen Dienstes im Bereich Vermessungswesen und Zuständige Stelle nach dem Berufsbildungsgesetz für Geomatiker und Vermessungstechniker,
- Geschäftsstelle des Oberen Gutachterausschusses für Grundstückswertermittlung,
- Koordinierungsstelle für das Geoinformationswesen,
- Fachaufsicht über die Vermessungsstellen.

LEHMANN + PARTNER GmbH

99086, Erfurt, SchwerbornerStr.1

Telefon: +49 (0) 361 – 518 04 300

E-Mail: info@lehmann-partner.de

Internet: www.lehmann-partner.de

LEHMANN + PARTNER GMBH INGENIEURGESELLSCHAFT FÜR STRASSENINFORMATIONEN

Gegenstand des Unternehmens: die Erbringung von Ingenieurleistungen im Bereich der Verkehrsinfrastruktur
Gründungsjahr: 19.06.1990 / Anzahl der Mitarbeiter: 63
Niederlassung Dresden, Sachsenallee 24, 01723 Kesselsdorf / Dresden
Niederlassung Konstanz, Im Businesspark Max-Stromeyer-Str. 116, 78467 Konstanz

LEISTUNGSSPEKTRUM

Die LEHMANN + PARTNER GmbH erfasst mit modernsten Technologien alle relevanten Informationen zur Straße und Verkehr wie Bestandsinformationen Straßenraum (u. a. Lage, 3-D-Achsen, Längen, Breiten, Querschnitte, Straßenaufbau, Lichtraumprofile, Bauwerke, Flächen), Straßenausstattungen und Nebenanlagen (u. a. Bäume, Verkehrstechnik, Markierung/Wegweisung, StVO-Zeichen, Wegweisung, Beleuchtung, unterhaltungsrelevante Attribute wie ÖV-Anlagen, Parkplätze), messtechnische Datenerfassung des Straßenzustandes (u. a. Längs- und Querebenheit, Substanzmerkmale, Griffigkeit, Tragfähigkeit, Schadensbilder), relevante verkehrliche Sachverhalte (u. a. räumliche, zeitliche und modale Verkehrsbelastungen, Unfalldaten) und verwaltungsrechtliche Parameter (u. a. Stationierung, Netzknotenmodell, Baulast, Grenzen Gebietskörperschaften, Widmung, Realnutzungskataster).

Ein Schwerpunkt ist die Bereitstellung der erfassten Informationen für das Erhaltungs- und Unterhaltungsmanagement der Straßen. Unter anderem bietet LEHMANN + PARTNER GmbH bei der bundesweiten Einführung des Neuen Kommunalen Finanzmanagements (NKF/DOPPIK) den Städten, Gemeinden und Landkreisen eine durchgängige Wertschöpfungskette an, die einzigartig in Deutschland ist. Auf Basis detaillierter Straßeninformationen, Bestands- und Zustandsdaten können in den Folgejahren Kosten erheblich gespart werden, womit sich – kaufmännisch gesehen – die Investitionen in das Straßenmanagementsystem amortisieren.

- Einrichtung und Pflege von Straßeninformationsbanken/Straßenkatastern
- Einrichtung und Pflege von Stationierungssystemen
- Kartographie/GIS

  - Digitalisierung
  - Digitale Kartographie, thematische Karten
  - Streckenbänder
  - Atlanten
  - Verarbeitung von Raster- und EDBS-Daten
  - Auswertung von Punktwolken
  - WEB-Map Services
  - GIS-Referenzierungen
  - Erstellen von Feldkarten
  - Fertigung von Widmungs- und Umstufungsunterlagen
  - Visualisierungen und 3D-Stadtmodelle
  - Erfassung und Verarbeitung von GDF-Daten (Navigation)

- Vermögensbewertung für die Doppik
- Zustandserfassung/Bautechnik
- Consulting/Schulungen/Forschung
- Soft- und Hardwareentwicklung
- Tourismusinformationen
- Sonstige Leistungen (Personaldienstleistungen im Straßenwesen, System- und Datenpflege, Antragsbearbeitung, Datenhosting)

REFERENZEN

- Bund (BMVBS/Bundesministerium für Verkehr, Bau und Stadtentwicklung, BASt/Bundesanstalt für Straßenwesen, DEGES/Deutsche Einheit Fernstraßenplanungs- und -bau GmbH)
- Straßenbauverwaltungen der Länder
- Landkreise (über 126 Landkreise in den Ländern Thüringen, Sachsen-Anhalt, Sachsen, Brandenburg, Mecklenburg-Vorpommern, Schleswig-Holstein, Niedersachsen, Hessen, Bayern, Baden-Württemberg)
- Kommunen (mehr als 243 Städte und Gemeinden, bspw. Berlin, Dresden, Erfurt, Heilbronn, Nürnberg, Schleswig, Helmstedt ...)
- Privatkunden (bspw. NAVTEQ, Leica Geosystems, INTERMAP, LISt/Gesellschaft für Straßenwesen und ingenieurtechnische Dienstleistungen mbH, EUROVIA, Flughäfen/Überseehäfen, zahlreiche Ingenieurbüros)